BIBLIOTHÈQUE RURALE. — 4ᵐᵉ SÉRIE Nᵒ I.

DE

LA NUTRITION

DES VÉGÉTAUX.

A M. ÉMILE TARLIER,

ÉDITEUR DE LA BIBLIOTHÈQUE RURALE, A BRUXELLES.

Monsieur,

Je suis heureux de vous exprimer mes remercîments et ma reconnaissance pour l'envoi que vous avez bien voulu me faire des épreuves de l'édition française de mon travail sur la *Nutrition des Végétaux*.

Il est très-flatteur pour moi de voir mes écrits agronomiques répandus à l'étranger et surtout lorsque la traduction est aussi claire que celle que vous venez de me soumettre.

Je suis, etc.

BARON L. DE BABO.

Weinheim, 10 avril 1857.

BRUXELLES. — TYP. DE J. VANBUGGENHOUDT,
Rue de Schaerbeek, 12.

DE LA
NUTRITION DES VÉGÉTAUX

CONSIDÉRÉE

DANS SES RAPPORTS AVEC LES ASSOLEMENTS,

PAR

LE BARON DE BABO,

Chevalier de l'Ordre du Lion de Zaehringen, Président de la section de
Heidelberg Weinheim de la Société d'agriculture du Grand-Duché
de Bade, Membre de plusieurs sociétés savantes

Traduit de l'allemand.

PAR UN ANCIEN ÉLÈVE DE GRIGNON.

BRUXELLES,

LIBRAIRIE AGRICOLE D'ÉMILE TARLIER,
éditeur de la Bibliothèque rurale,
RUE DE LA MONTAGNE, 51.

1857

PRÉFACE.

Le besoin que l'homme éprouve de pénétrer les mystères de la création, soit pour assouvir une vaine curiosité, soit dans le but plus louable d'en découvrir les forces et de les faire concourir au développement de son bien-être, a fait surgir, de tout temps, des hypothèses destinées à expliquer les principaux actes de cette grande œuvre.

La nutrition des végétaux, ce phénomène si digne d'admiration, ne pouvait manquer de captiver l'attention des savants, et de servir de

point de mire à leurs investigations. Aussi
peut-on dire que les théories sur ce point n'ont
pas fait défaut ; mais de toutes celles qui ont été
proposées, aucune n'a pu résister à l'épreuve
décisive ; toutes ont vu leur échafaudage crou-
ler, et leurs espérances s'évanouir dès qu'on les
a soumises à la pierre de touche de l'expéri-
mentation. Les auteurs de ces théories, loin de
s'accorder entre eux, en assignant à telle ou
telle substance, le grand rôle dans la nutrition
végétale, peuvent à peine rester toujours con-
séquents avec eux-mêmes. On les voit, en effet, passer de l'une à l'autre avec une facilité
étonnante, abandonner celle-ci pour en adop-
ter une troisième, à mesure que se découvrent
des faits nouveaux, qui ne peuvent prendre
place dans le cadre rétréci de leurs combinaisons. Cette sorte de fatalité qui, jusqu'ici, s'est
attachée aux efforts des savants les plus distin-
gués, ne saurait avoir d'autre cause que l'exclusivisme qui préside à leurs systèmes, exclusivisme qui les porte à accorder trop d'importance
à l'un ou l'autre corps, et à négliger les autres.
Or, la nature ne se montre pas aussi exclusive

dans ses productions ; pour peu qu'on l'étudie, on est frappé des moyens variés qu'elle met en œuvre pour arriver à ses fins.

Une seule de ces théories cependant, semble échapper au reproche que nous venons de faire à toutes les autres qui ont été mises en avant pour expliquer le mécanisme de la nutrition végétale, c'est celle qu'on retrouve à chaque page dans les écrits de M. le Baron De Babo, une des sommités agronomiques de l'Allemagne. Elle est simple et claire comme tout ce qui est vrai, et elle peut, dans la pratique, conduire à des applications extrèmement importantes. Elle a d'ailleurs pour elle une justification qui a manqué à toutes les autres, l'expérience.

Éclose sous le ciel qui a vu naître le puissant réformateur de la chimie agricole, elle possède tous les avantages de ses fécondes conceptions, sans en partager les écarts ; c'est une grande garantie ; car, quelque soit l'insuccès qui ait frappé les théories de Liebig, on ne peut méconnaître qu'il a posé un principe juste, un principe puisé aux sources pures de la science. On peut dire que le chimiste allemand a peut-être poussé trop loin les conséquences de ses savantes découvertes ; mais, l'exagération d'un principe vrai n'en fait point un principe faux, et, du reste, la différence est grande assurément entre la *théorie minérale,* telle que l'entend Liebig, et les idées sur la nutrition des végétaux, telles que nous allons les exposer d'après les écrits et les expériences de M. le Baron De Babo.

INTRODUCTION.

—

La connaissance des soins que réclament les
plantes sert de base à la production végétale.
Quiconque se livre à leur culture ne doit pas
rester étranger aux secrets de ces exigences,
afin de satisfaire, sous ce rapport les végétaux
qu'il cultive, et de donner à leur production le
plus haut degré de perfection possible. On se
pénètre davantage de l'importance d'une semblable étude, quand on songe à quelle partie
notable de nos besoins pourvoit le règne végétal. Non seulement il fournit les céréales qui

servent à la nourriture de l'homme, et les matières premières qui alimentent ses fabriques, mais encore les racines et les fourrages, sans lesquels il n'est point de production animale.

Or, des deux grandes influences, le sol et le climat, qui agissent si puissamment sur le développement des plantes, la première seule se trouve sous la dépendance de l'homme. Les circonstances climatériques lui échappent, il ne peut ni les maîtriser, ni les régler à son gré ; aussi fait-il sagement de s'y conformer et de choisir en conséquence les végétaux qu'il veut faire entrer dans ses cultures, sauf à concentrer toute son activité sur le sol. Dans cette sphère, en effet, les moyens s'offrent à lui en foule ; s'il a l'intelligence de son œuvre, il peut les utiliser et s'en servir au grand profit des plantes qu'il cultive. C'est au point qu'on peut dire que toute la science agricole consiste, d'une part dans la connaissance des besoins des plantes et, d'autre part, dans le choix des moyens les plus sûrs et les plus économiques pour y subvenir.

Pour venir en aide à cet égard au cultivateur, il n'est pas de meilleur moyen que de l'initier au phénomène de la nutrition et aux sources qui recèlent les substances qui favorisent surtout le développement des végétaux.

DE LA NUTRITION

DES VÉGÉTAUX.

PREMIÈRE PARTIE.

—

CHAPITRE PREMIER.

Nutrition des végétaux.

Comparaison entre la nutrition des végétaux et celle des animaux. — Division des corps élémentaires qui entrent dans la constitution des végétaux. — Absorption d'oxygène par les plantes; effets de cet acte sur l'ensemble de la nature. — Division des substances végétales relativement à leur action nutritive sur le corps des animaux. Poussière atmosphérique. — Fonctions de l'eau dans la nutrition des végétaux. — Sève des plantes, sa marche. — Agents généraux de la végétation, chaleurs, lumières, électricité. — Appareils qui concourent à la nutrition, tiges, racines, feuilles, leurs fonctions.

Avant d'entrer plus avant dans cette matière, nous croyons pouvoir dire quelques mots des rapports qui existent entre la nutrition des végétaux et celle des animaux. On a généralement coutume de considérer l'une comme indépendante de l'autre. C'est là une erreur, car l'organisme animal ne saurait exister qu'à la condition que ses aliments lui soient élaborés par le règne végétal. Dans l'économie générale de la nature, la plante est destinée à transformer les corps simples et bruts en d'autres qui puissent servir de nourriture aux animaux. A cet effet, elle puise dans l'air et dans le sol ses premiers éléments, en compose son propre tissu qu'elle cède ensuite au règne animal sous forme de substances nutritives. C'est ainsi que les éléments terreux et atmosphériques, simples à leur origine, passent, par une série de changements et de décompositions, jusque dans le corps des animaux, après la mort desquels ils retournent vers l'air et le sol pour recommencer de nouveau le cercle des mêmes transformations.

Tandis que le sol et l'atmosphère, qui, dans les plantes, peuvent être considérés, en quelque sorte, comme l'estomac où elles vont puiser leur nourriture, sont situés en dehors de leur corps et l'entourent, l'estomac des animaux est renfermé dans le corps même, et la nutrition s'y opère de l'intérieur à l'extérieur, contrairement à ce qui se voit dans les végétaux, qui, sur toutes les parties de leur surface, sont pourvus d'organes propres à absorber la nourriture environnante. De là, pour les animaux la nécessité d'avoir à leur portée des aliments plus concentrés. Or, les plantes ont pour mission d'opérer une semblable concentration, en séparant les parties inutiles.

N'est-ce pas une chose extrêmement remarquable que cette transformation de substances qui s'opère à l'aide d'un nombre très-restreint d'éléments qui, tous, possèdent la propriété de prendre la forme gazeuse et d'acquérir par là une mobilité qui leur permet de se répandre dans l'atmosphère et d'alimenter partout la vie des plantes?

Ces corps sont : le *carbone*, l'*oxygène*, l'*azote* et l'*hydrogène*. En se combinant deux à deux, dans l'ordre où ils se trouvent énoncés, ils donnent naissance à l'*acide carbonique* et à l'*ammoniaque*, que les plantes emploient à la composition de leurs tissus et de leurs principales parties, après leur avoir fait éprouver un grand nombre de décompositions et de métamorphoses. Après leur mort, comme après celle des animaux qui en ont fait leur nourriture, les corps gazeux retournent à l'atmosphère. La combustion produit un résultat analogue; mais d'une façon plus rapide. C'est cette propriété qui leur a valu la dénomination de *corps volatils, combustibles* ou *organiques*, par opposition à ceux qui sont fixes et qu'on désigne sous le nom de *corps inorganiques*.

Parmi les éléments volatils, l'oxygène et le carbone jouent le rôle le plus important. Ce dernier sert plus particulièrement à la formation du corps des plantes, dont presque toutes les parties contiennent une énorme quantité de carbone. Différentes sources fournissent aux végétaux cette prodigieuse masse de carbone qui leur est si nécessaire; mais la forme sous laquelle ils se l'assimilent est constamment l'acide carbonique. Celui-ci se trouve décomposé par la force vitale; son carbone est fixé et l'oxygène expulsé en tant qu'il ne sert pas au tissu des plantes. Ce phénomène qui s'opère sous l'influence de l'action solaire, a lieu sur toute la surface des végétaux, mais principalement dans les feuilles. Celles-ci absorbent, pendant le jour, l'acide carbonique de l'air, le décomposent et rendent l'oxygène à l'état de liberté. La nuit, cette action se trouve renversée, c'est-à-dire que l'acide carbonique est dégagé intact.

Ce phénomène est l'un des plus importants de toute la nature; car, de même que l'oxygène cède son carbone quand il y est contraint par la force vitale des plantes, de même aussi il tend avidement à se recombiner avec lui dès que cette force vient à cesser, ou qu'il se trouve mis en liberté. Il en est de même dans les actes de la combustion et de la décomposition, ainsi que dans la respiration des animaux, qui expulsent leur excédant de carbone par la voie des poumons, où l'oxygène inspiré vient se combiner avec lui et l'entraîner au dehors. Une production si abondante de carbone devrait avoir pour conséquence de l'accumuler dans l'atmosphère en quantité telle, que celle-ci devînt impropre à la respiration, à la combustion et à la décomposition, faute d'oxygène.

La vie organique, dès lors, cesserait d'exister. Mais les plantes mettent obstacle à une semblable accumulation, en décomposant constamment l'acide

carbonique qui s'est formé et en fixant le carbone
à l'état solide. Celui-ci, par conséquent, se meut dans
un cercle perpétuel, entre l'attraction atmosphérique d'une part et le règne végétal de l'autre. Le
moindre trouble apporté à cet état de choses amè-
nerait immédiatement la destruction de tous les
êtres vivants.

Dans la transformation et la décomposition
de l'ammoniaque, l'azote et l'hydrogène parcou-
rent un cercle analogue, quoique d'un effet moindre sur l'ensemble de la nature, comme aussi
l'azote de l'atmosphère est loin de jouer dans la
formation de l'ammoniaque le rôle que l'oxygène
joue à l'égard du carbone.

Relativement à leur action nutritive sur le
corps des animaux, les substances végétales formées par des éléments volatils se divisent en
deux classes principales, en substances *azotées*
(*protéine*) et en substances *non azotées* (*matières
féculentes*), dont les premières servent plus particulièrement à la formation des muscles, et les
secondes, à celle de la graisse. Nous y reviendrons
par la suite.

Les éléments fixes sont l'opposé des éléments
volatils. Ce sont les substances terreuses proprement dites, qui, prises au sol, y retournent de
nouveau. Or, de même que les éléments volatils
pénètrent dans le sol et s'y retrouvent, de même
les corps terreux se rencontrent dans l'atmosphère
sous forme d'une poussière extrêmement fine. Les

racines des plantes ne sont pas plus destinées à
absorber des gaz que les feuilles ne sont propres à
l'absorption des substances terreuses. Toutefois,
il paraît qu'une partie de cette poussière extrêmement fine pénètre dans les plantes par les organes
foliacés, quand elle est dissoute dans la rosée ou la
pluie, de même que les corps gazeux, pour être
absorbés par les racines, ont besoin, eux aussi,
d'être en dissolution dans l'eau.

Si les éléments volatils sont la base du corps
des végétaux, les substances fixes servent à la consolidation de certaines de leurs parties. C'est ainsi
que les os des animaux sont formés de phosphate
de chaux, et les chaumes des graminées composés,
en majeure partie, de silice. Il n'y a rien de précis
encore sur la nécessité, pour les organismes, d'une
quantité aussi variée de substances inorganiques;
toutefois, il est constant que la présence d'un grand
nombre, est indispensable, en certaines proportions
à leur développement.

Indépendamment des éléments volatils et fixes,
les organismes ont besoin d'un autre corps qui,
dans les actes de la nutrition et du développement, est nécessaire comme intermédiaire et moteur de la circulation. C'est l'eau, qui, dans les
plantes, tient, jusqu'à un certain point, la place
du sang, puisqu'elle ne borne pas seulement son
rôle à rendre les substances nutritives propres à
être absorbées, mais qu'elle les dépose encore en
leur lieu et place. Aussi est-ce une condition indis-

pensable que les éléments qui doivent servir à la
nutrition se combinent mécaniquement avec l'eau,
ou qu'ils soient dissous par ce liquide. Les matières, même celles qui conviennent le plus à la
nutrition, deviennent inertes à l'état sec. L'arrêt
qu'éprouve la végétation dans les temps des fortes
chaleurs, confirme, sur une grande échelle, la
vérité de ce principe. La nature elle-même nous
montre que l'eau est indispensable comme moteur
de la circulation, par ce fait que tous les corps,
sous certaines combinaisons, sont solubles dans ce
liquide, qui est même en état d'absorber et de tenir
en dissolution les corps gazeux.

Si nous considérons les substances brutes qui
servent à la nutrition, telles qu'elles pénètrent
du sol dans les plantes, nous les trouvons composées de plusieurs éléments volatils et fixes, combinés entre eux, mais tous solubles dans l'eau. Cette
séve brute est absorbée par les extrémités les plus
déliées des racines, passe dans la tige et de là dans
les points les plus reculés. Elle est sollicitée dans
ce mouvement ascensionnel, en partie par l'action
vitale des plantes, en partie par l'évaporation de
l'humidité qui se fait à la surface externe. Cette
évaporation doit déjà avoir pour effet de rendre la
séve plus concentrée, tandis que par l'absorption
des éléments nutritifs de l'air, elle éprouve, dans
les organes extérieurs, les changements qui la
rendent propre à se transformer en principes végétaux proprement dits, lesquels achèvent ensuite

leur développement dans les organes spécialement affectés à cet usage.

Cette vitalité des plantes paraît ne pouvoir se manifester que sous l'influence d'un certain degré de chaleur, qui ne peut pas non plus dépasser certaines limites sans apporter des troubles dans la végétation. L'élévation de température, en rendant la séve plus liquide, semble en activer et en faciliter la circulation, de telle sorte que la croissance de tous les végétaux est d'autant plus belle et plus rapide que cette température augmente, bien entendu quand l'humidité nécessaire ne fait pas défaut, cependant, de même qu'on peut l'observer dans le règne animal, cette surexcitation de la vie, poussée trop loin, entraîne des défectuosités dans la formation de certaines parties. Les formes des plantes s'étendent, mais les éléments nécessaires à la formation de certaines parties ne peuvent les suivre dans ce développement. Dans les céréales, par exemple, les formations subordonnées à la présence de la silice restent en arrière, et on a la *verse* des grains. Le tabac qui a pris une croissance trop rapide reste vide d'éléments internes, etc. Le degré de chaleur qui provoque cet état varie dans les différentes espèces de plantes. Il n'en est point sans doute qui, pour réussir, n'exige un degré différent de calorique, et de là dépend, du moins en partie, la nécessité de certains climats pour des espèces de plantes données. Il est des végétaux qui ne peuvent plus croître sous un degré de chaleur où d'autres végètent encore très-bien, et, par conséquent, on ne doit pas les cultiver sous les climats où cette température ne se rencontre que rarement.

Un grand nombre de plantes se contenteraient d'un certain degré de chaleur, pourvu qu'il persistât assez longtemps sous un climat donné; mais il arrive très-souvent que leur période de végétation se prolonge au delà du terme nécessaire pour les faire venir à maturité. De là vient qu'on peut cultiver certaines plantes méridionales assez avant dans le Nord, quand leur période de végétation est suffisamment courte. D'autres semblent encore prospérer visiblement avec une température plus basse; elles possèdent bien toutes leurs formes, mais leurs éléments ne se sont pas développés. Ce qui prouve qu'une diminution dans les propriétés absorbantes en est, du moins en partie, la cause, c'est la circonstance que des végétaux de cette nature parviennent plus tôt à un certain degré de perfection, dans les contrées septentrionales, quand on les place sur une terre fortement fumée avec des engrais très-solubles, que dans le cas contraire, et qu'ils exigent aussi une fumure plus abondante que dans les pays méridionaux, comme c'est le cas pour la vigne, le tabac et autres plantes analogues. Déjà Columelle, écrivain de l'ancienne Rome, avait fait connaître que des végétaux de ce genre devaient occuper les expositions les plus chaudes dans les contrées du Nord, et que, dans les contrées méridionales, on devait assigner les endroits les plus frais à ceux qui étaient originaires des pays septentrionaux.

Ce qui a lieu pour la chaleur paraît également se produire pour la lumière.

Nous avons déjà dit comment elle excite la vitalité des plantes. Toutefois, celles-ci se comportent différemment à l'endroit de la lumière, comme le démontrent surabondamment les plantes qui croissent à l'ombre et qui ne peuvent supporter l'action des rayons solaires, tandis que d'autres les absorbent avec avidité. Il n'est pas invraisemblable que la lumière qu'exigent les végétaux doit être d'autant plus puissante que le phénomène de l'assimilation s'y accomplit plus lentement. L'absence de lumière est cause que, dans certains étés, pas une plante ne parvient à son entier développement. Dans ce cas, tous les produits restent mauvais et sans saveur, et ceci se prononce davantage à mesure qu'on avance vers le Nord, où la lumière devient de moins en moins puissante, tandis que dans le Midi les choses s'équilibrent beaucoup plus. Il est vrai que, quand l'année est sereine, les pays du Nord reçoivent une sorte de compensation par la durée plus longue des jours, comparée à ceux des contrées méridionales. Mais les rayons solaires y tombent trop obliquement, sont privés de la chaleur nécessaire, et s'il se produit réellement une sorte de compensation, l'absence du calorique ne permet pas de l'évaluer bien haut.

Une autre différence dans la manière dont les végétaux se comportent vis-à-vis de la chaleur, consiste dans ce fait que certaines espèces souffrent bien plus facilement de l'approche des gelées, comme on le voit pour la vigne et l'amandier qui gèlent fréquemment.

Le cultivateur doit prendre en sérieuse considération cette manière dont les plantes se comportent vis-à-vis de la lumière et de la chaleur, et choisir son terrain en conséquence. Sans en soupçonner la cause, les gens de la campagne ont constamment à la bouche les mots de sols chauds et sols froids, l'expérience leur ayant appris qu'il existe, à cet égard, une différence énorme.

Un autre agent de la plus haute importance pour la végétation est l'*électricité*. Nous pouvons nous dispenser d'en parler plus longuement, puisqu'il n'est pas au pouvoir du cultivateur de l'utiliser en grand dans ses cultures.

Cette revue générale, une fois terminée, passons à l'examen des parties des plantes qui jouent le plus grand rôle dans la nutrition.

Deux systèmes d'appareils concourent à ce but : le système *aérien* ou *tige* et la *racine*. Quoique opposés l'un à l'autre dans leur direction, ils se ressemblent tellement dans leurs fonctions, qu'en renversant un végétal et le plantant la partie supérieure dans le sol et les racines dans l'air, celles-ci se couvrent de branches et de feuilles, tandis qu'il vient des racines à la partie primitivement couverte de feuilles.

Les parties supérieures des plantes, et notamment les feuilles, sont destinées à puiser des aliments dans l'atmosphère. On comprend dès lors que cette fonction doit être d'autant plus active que les parties qui y correspondent possèdent plus de développement. On en voit des exemples dans le trèfle et autres légumineuses qui absorbent beaucoup de nourriture dans l'air, tandis que cette propriété est très-peu développée dans les graminées, les céréales notamment, qui ne sont pourvues que de feuilles rares et minces.

Cette absorption se fait par le moyen de petites ouvertures connues sous le nom de *stomates*, et plus nombreuses à la face inférieure qu'à la face supérieure des feuilles de nos plantes de culture.

Les racines servent plus particulièrement à absorber les éléments nutritifs du sol. Cette fonction s'exécute à l'aide des extrémités les plus déliées des racines, qu'on désigne sous le nom de *spongioles*.

Il existe une grande différence dans le nombre et la puissance absorbante de ces organes, dont les effets se font sentir non-seulement dans des espèces de plantes différentes, mais encore dans les diverses variétés d'une seule et même espèce. C'est ainsi qu'il est des variétés de pommes de terre qui ne peuvent prospérer dans un sol où d'autres végètent très-bien. Certaines variétés de vignes se

développent parfaitement dans des terrains qui se
montrent entièrement stériles pour d'autres; et cette
propriété, elles la doivent uniquement à leurs racines plus longues et plus vigoureuses qui s'étendent beaucoup et vont chercher leur nourriture au
loin. Cette observation doit être prise en sérieuse
considération dans la succession des récoltes et
explique comment des espèces de plantes peuvent
encore trouver de la nourriture où d'autres ne vien-
draient plus, quoique les aliments dont elles ont
besoin soient absolument les mêmes.

CHAPITRE II.

Principes immédiats des végétaux.

Leur classification, leur composition. — Substances azotées. — Substances non azotées. — Acides végétaux, huiles et résines. — Éléments constitutifs des végétaux. Carbone. — Hydrogène, sources qui les fournissent. — Azote. Combinaison sous laquelle il pénètre dans les plantes. Ammoniaque. Oxygène. — Silice, rôle qu'elle joue dans les plantes. — Chaux, forme sous laquelle elle est absorbée. — Magnésie, potasse, corps qui les fournissent aux plantes. — Soude, fer ; sources qui les fournissent. — Division des plantes en plantes à silice, à potasse ou à chaux. — Acides que les végétaux livrent du sol, substances dans lesquelles ils se trouvent.

Nous allons maintenant faire connaître les substances principales qui se forment dans les plantes comme résultat de leur végétation, puisque ce sont elles qui unissent le règne végétal au règne animal, en fournissant à ce dernier les aliments dont il a besoin. Elles se divisent en deux classes principales, suivant qu'elles contiennent ou non de l'azote. Dans la première, on range les substances qui servent à la formation des muscles, des nerfs, etc.; tandis que la seconde renferme celles qui agissent plus particulièrement sur la production de la chaleur animale, sur l'entretien du phénomène de la respiration, ainsi que sur la croissance. On en a de nouveau formé un certain nombre de groupes, d'après la proportion des principes élémentaires qui les composent. Les corps désignés sous le nom de *protéine*, tels que le *gluten*, l'*albumine* et la *caséine végétales* appartiennent à la catégorie des corps azotés; tandis que les substances formées de carbone et d'eau, telles que le *ligneux*, le *sucre*, les *gommes* et les matières *féculentes* font partie de la classe des corps non azotés. A côté des corps désignés sous le nom de protéine, viennent se placer des substances qui se comportent envers les acides absolument comme les alcalis fixes, et qu'on a appelées, pour cette raison, *alcalis*, *alcaloïdes végétaux*, etc. Au groupe des hydrates de carbone succèdent les différentes espèces d'*acides végétaux*. Enfin, en dernier lieu, viennent *les graisses végétales* et *les huiles*.

Quand on laisse de côté les éléments fixes, et qu'on ne considère que le nombre des corps volatils, on trouve que ces substances ont la composition suivante :

1. Protéine.

> Carbone,
> Azote,
> Hydrogène,
> Oxygène.

2. Alcaloïdes.

> Carbone,
> Azote,
> Hydrogène,
> Oxygène.

3. Hydrates de carbone.

> Carbone,
> Hydrogène,
> Oxygène.

4. Acides végétaux.

> Carbone,
> Hydrogène,
> Oxygène.

5. Substances grasses et résines.

> Carbone,
> Hydrogène,
> Oxygène.

La différence dans les dernières combinaisons elles-mêmes gît dans le nombre et la prédominance de certains éléments.

Si donc on prend comme base les éléments de l'eau (environ 0,89 d'oxygène et 0,11 d'hydrogène), on trouve que :

1. Les substances féculentes sont composées des éléments de l'eau et de carbone ;

2. Les acides, de carbone, des éléments de l'eau et d'un excès d'oxygène ;

3. Les substances grasses, auxquelles viennent

s'annexer les résines, des éléments de l'eau avec une proportion excédante d'hydrogène.

Les substances dites protéine contiennent, en outre, différentes proportions d'azote.

Si les éléments volatils doivent être considérés comme la base fondamentale du grand nombre de principes végétaux, néanmoins leur formation, du moins dans plusieurs, est subordonnée à la présence des éléments fixes. C'est là-dessus que sont fondés la nécessité de ces éléments terreux pour la végétation des plantes et le besoin tout particulier qu'en ont certaines espèces. De là, alors, la nécessité de la fumure en général et en particulier pour les exigences de certaines espèces de plantes, comme aussi l'importance qu'il y a, pour le cultivateur, de connaître ces rapports. En outre, il est à remarquer que s'il manque une seule de ces substances et que son action ne puisse être remplacée par quelque autre, le végétal ne peut se développer, probablement parce que le rapport qui doit se trouver entre les éléments qui entrent dans la composition des plantes en est troublé.

Voici maintenant les principes végétaux les plus importants dont la plupart se retrouvent également, sans grands changements, dans le corps des animaux.

A. **Substances azotées**.

PROTÉINE.

Fréquemment désignées sous la dénomination générale de mucilage végétal, ces substances se rencontrent dans les gousses farineuses des légumineuses sous forme de *légumine (caséine)*, dans les grains des diverses céréales sous forme de *gluten*, et enfin dans tous les sucs végétaux sous forme d'*albumine* (blanc d'œuf). Toutes ne sont que des modifications d'un seul et même corps que Mulder a désigné sous le nom de protéine, et renferment encore principalement, outre les quatre éléments gazeux, du soufre et du phosphore, qui sont séparés des sulfates et des phosphates qui ont été absorbés. Elles correspondent dans le corps des animaux à la protéine, caséine, fibrine, albumine, de nature animale ce qui fait qu'elles jouent dans la nutrition des derniers un rôle très-important. C'est de leur présence dans les substances végétales employées comme aliments que dépend principalement leur valeur nutritive, qui augmente ou diminue suivant la proportion de ces corps azotés.

Les alcaloïdes ne nous intéressent que pour autant qu'ils constituent le principe actif des herbes médicinales ou vénéneuses. Il est probable que les couleurs des plantes dépendent, en majeure partie, de la combinaison de certains alcaloïdes avec des acides.

B. **Substances non azotées.**

Eu égard à la composition de leurs éléments, elles se divisent en trois groupes : les neutres, les acides avec excès d'oxygène, et celles où l'hydrogène et le carbone prédominent. On doit ranger dans le premier groupe la *cellulose* (qui forme les cellules et les fibres du bois), laquelle, vu son insolubilité, ne doit cependant pas être comptée parmi les principes nutritifs des plantes. Elle se rapproche beaucoup de la fécule, ce qui est clairement démontré par ce fait qu'elle se change en amidon quand on la soumet à l'action de l'acide sulfurique. Traitée par l'acide nitrique, la cellulose se change en un corps explosif qu'on prépare plus particulièrement avec du coton, des sciures de bois et autres substances analogues.

L'*amidon* se trouve dans les cellules des plantes en petits grains isolés, sous forme de fécule, et peut certainement être observé dans tous les végétaux à l'aide du microscope. La forme de ces petits grains varie avec les diverses espèces de plantes, comme aussi il existe des variétés de fécule possédant des propriétés différentes. De même que l'acide sulfurique change la cellulose en amidon, il transforme également l'amidon en sucre mucilagineux. Une autre substance très-voisine de l'amidon est l'*inuline,* qu'on trouve par exemple dans les tubercules du topinambour et des dahlias.

Elle a beaucoup de ressemblance avec l'amidon; seulement, la teinture d'iode la colore en jaune verdâtre ou même en jaune, tandis que l'amidon traité par cette teinture donne une belle couleur bleue.

La gelée végétale se rencontre dans un grand nombre de plantes et existe dans les pepins des coings, à peu près à l'état de pureté. Elle se trouve dans un rapport très-intime avec la pectine qui fournit la masse gélatineuse des groseilles et des framboises. Ces substances sont plus ou moins répandues dans toutes les espèces de fruits; l'excrétion qu'on voit aux cerisiers et aux amandiers et qu'on désigne, à tort, sous le nom de gomme ou de résine, en fait partie. La gelée ne bleuit point par l'iode, se sèche en une matière cornée, et se gonfle dans l'eau en une masse caractéristique qui lui a donné son nom.

La *gomme* proprement dite, représentée dans l'état le plus pur par le *gummi arabicum*, se distingue de la gelée en ce qu'elle ne se gonfle point dans l'eau, et qu'elle s'y dissout facilement. Elle se rencontre, d'ailleurs, dans tous les sucs des plantes.

La *dextrine* se rapproche beaucoup de la gomme; ce qui la distingue, c'est que pendant la vie des plantes, elle est transformée en sucre de raisin, sous l'empire de certaines circonstances et avec la présence de corps azotés, de même que la fécule transformée en dextrine produit du sucre de raisin.

Ce changement peut être provoqué artificiellement par l'intermédiaire de l'acide sulfurique.

Le *sucre* se reconnaît à son goût sucré, ainsi qu'à la propriété de donner, par la fermentation, de l'alcool et de l'acide carbonique, quand il a été mis en contact avec un corps azoté. On le connaît sous deux formes principales : le sucre dit de canne et le sucre de raisin. Il se rencontre dans tous les végétaux, quoique en proportion variable, à tel point qu'on l'extrait de quelques-uns d'entre eux pour le besoin de la consommation, tandis que sa présence est à peine appréciable dans les autres. Dans les plantes qui contiennent des acides libres, le sucre existe sous forme de sucre de raisin, et, par contre, sous forme de sucre de canne là où les acides sont neutralisés.

La cellulose, d'un côté, et le sucre, de l'autre, paraissent former les deux limites extrêmes de toute cette série de corps, dont la plupart possèdent la propriété de passer les uns dans les autres. Cette décomposition générale semble, du reste, être provoquée, dans la vie du végétal, par la facilité de décomposition bien connue des substances azotées, qui, dans le corps des plantes, se trouvent toujours situées à côté de celles qui ne renferment pas d'azote, et déterminent les différents changements de la matière jusqu'à parfaite maturité. Ce sont ces transitions qui donnent lieu à la formation successive du sucre, comme à la maturité des fruits et des raisins, tandis que, dans d'autres, tels que les

fruits farineux, cette formation du sucre ne fait
pas tant de progrès et qu'il y reste plus de fécule.
Il est possible que les acides prennent une large
part à cette transformation ; cependant, nous
sommes encore bien loin d'être tout à fait édifiés
à cet égard.

Nous devons encore citer comme appartenant
à ces corps, le *tanin*, qui est également formé de
carbone, d'hydrogène et d'oxygène, mais qui n'a
rien de commun avec eux au point de vue de la
propriété nutritive.

Dans toutes les plantes, on rencontre des acides
végétaux qui varient et se modifient avec l'espèce de plantes. Les plus connus sont les acides
malique, citrique et tartrique, ainsi que l'acide
oxalique, chez lequel d'ailleurs l'hydrogène fait défaut. Les trois premiers paraissent passer les uns
dans les autres pendant le développement des
fruits, comme dans les raisins, et sont cause de la
différence de goût entre des fruits mûrs et non
mûrs, des fruits doux et aigres, dès qu'ils se trouvent plus ou moins à l'état libre. Mais très-souvent aussi, ils sont combinés aux alcalis, terres
alcalines, et aussi aux alcaloïdes, et, ainsi neutralisés, ils deviennent moins sensibles au goût. L'a-
cide oxalique qui existe, la plupart du temps,
combiné à la chaux, est très-répandu dans le règne
végétal et est facilement reconnaissable aux cris-
taux d'oxalate de chaux qui tapissent les parois
des conduits.

Le dernier groupe est formé par les substances grasses, les résines et les huiles essentielles. Les premières sont reconnues comme insolubles dans l'eau et comme pouvant former des savons avec les alcalis. Parmi elles, on observe la cire, qui s'en distingue en ce qu'elle est cassante et insoluble dans l'alcool. Elle est très-répandue dans le règne végétal et apparaît souvent sous forme d'une légère teinte bleuâtre qui recouvre les raisins, les pommes, les prunes, etc. Les huiles essentielles n'intéressent que médiocrement le cultivateur; aussi passerons-nous rapidement là-dessus. Elles varient beaucoup avec l'espèce de plantes et sont la cause de l'odeur caractéristique qu'exhalent un grand nombre de végétaux.

Comme nous l'avons déjà fait remarquer, toutes ces substances sont composées d'éléments gazeux combinés entre eux en quantités et en proportions extrêmement variées. En outre, elles contiennent plus ou moins d'éléments inorganiques. Comme il importe que le cultivateur les connaisse toutes, et particulièrement leur composition la plus intime, et qu'il sache comment cette rencontre des éléments simples a lieu pour former des corps composés, il ne sera pas hors de propos de considérer ces éléments un peu plus en détail et d'indiquer les sources principales qui les fournissent aux plantes. Les principaux sont :

1. Le *carbone*. Celui-ci forme la base du tissu des plantes et se retrouve dans toutes leurs parties.

Les végétaux le prennent sous la forme d'acide carbonique dont ils séparent le carbone. Le premier
moyen qui consiste à l'enlever à l'air atmosphérique
a déjà été indiqué ; l'autre moyen se trouve dans
l'absorption de l'acide carbonique qui existe dans
le sol et qui provient de la décomposition des restes
organiques. Nous avons déjà démontré antérieurement comment les organismes accumulent le carbone pendant leur vie et exhalent l'oxygène, et comment ce dernier est, de nouveau, mis en possession
de cette substance après leur mort. Toutefois, la
dissolution des restes organiques ne se fait pas subitement, mais exige un temps plus ou moins long
et passe par différentes phases ; de telle sorte que
les matières en voie de décomposition affectent,
pendant cette durée, différentes formes, suivant
que l'accès de l'oxygène a été plus ou moins favorisé ou arrêté par la couche de terre ou quelque
autre cause. Une forme de décomposition trèsconnue et extrêmement importante pour le cultivateur est l'*humus*, qui se trouve plus ou moins
répandu dans tous les sols. Suivant sa proportion
et les circonstances de décomposition dans lesquelles il se trouve, il cède son carbone, quoique
toujours sous forme d'acide carbonique. Une partie
s'en dégage dans l'atmosphère, tandis qu'une autre
reste dans le sol et est absorbée par l'eau. Cet acide
carbonique associé à l'eau pourrait déjà, comme
tel, pénétrer dans le corps des plantes. Mais il est
encore une autre circonstance qui se produit. On

sait qu'un grand nombre de sels minéraux sont peu ou point solubles dans l'eau ordinaire; mais quand celle-ci contient de l'acide carbonique en grande quantité, ils s'y dissolvent, et ce gaz pénètre également ment dans les plantes avec les sels qui se sont ainsi formés. Ce chemin détourné a pour but de procurer encore d'autres substances aux plantes, indépendamment de l'acide carbonique. Par conséquent, l'humus, en se décomposant, provoque, d'un côté, une absorption directe d'acide carbonique et, d'un autre côté, il contribue à rendre d'autres substances propres à être absorbées. Cette action, variée des matières organiques en voie de décomposition, mérite de fixer l'attention du cultivateur; aussi y reviendrons-nous par la suite.

2. *L'hydrogène*. Comme nous l'avons démontré précédemment, la grande majorité des principes végétaux renferme de l'hydrogène, et cette proportion, dans quelques-uns, dépasse même celle qui se trouve dans la composition de l'eau. Un moyen d'assimilation est fourni par l'eau, qui, en présence de l'acide carbonique, se décompose d'une façon analogue à ce dernier gaz, et l'oxygène qui ne serait pas absorbé retourne dans l'atmosphère. Il est clair qu'il doit également se dégager de l'hydrogène dans le phénomène de la décomposition. Toutefois, celui-ci n'est pas absorbé directement, mais il se combine à l'oxygène de l'atmosphère pour reconstituer de l'eau. De là vient que les sols riches en humus souffrent moins de la sécheresse que

d'autres, puisque les végétaux qui y croissent possèdent encore une autre source d'humidité indépendamment de celle de l'atmosphère. Dans l'été extrêmement sec de 1846, se montra un fait bien curieux : aux abords des sillons récemment ouverts, les végétaux semblaient reprendre en peu de temps et se développaient sur toute la ligne, tandis que l'autre partie du champ restait desséchée. La cause en est probablement à l'accès de l'oxygène atmosphérique, qui est rendu plus facile, et à la formation d'eau qui en est une conséquence, puisque, autrement, les plantes auraient dû plutôt se dessécher, la rosée et l'humidité atmosphérique faisant défaut. Les bons effets que produisent les binages, lors des sécheresses, paraissent provenir de la même cause.

Une autre source qui fournit de l'hydrogène aux plantes paraît se trouver dans la décomposition de l'ammoniaque, lequel, étant une combinaison d'azote et d'hydrogène, cède au règne végétal l'azote dont il a besoin, et met l'hydrogène en liberté. Quoique ce phénomène de décomposition ne se produise point pendant la formation des principes végétaux privés d'azote, il a constamment lieu pour les corps désignés sous le nom de protéine; aussi n'y a-t-il pas de raisons pour douter que l'hydrogène puisse être absorbé par ce moyen.

5. *L'azote.* De même que le carbone ne peut être absorbé par les végétaux qu'alors qu'il est combiné à l'oxygène et qu'il constitue l'acide carbonique,

de même il parait que l'azote, pour être assimilé, a besoin d'être uni à l'hydrogène sous forme d'ammoniaque. Or, cet ammoniaque qui se produit à chaque décomposition des corps organiques par suite de l'azote qu'ils contiennent, est absorbé avec avidité par l'eau, par l'argile et par l'oxyde de fer, et fixé dans le sol, tandis qu'une autre partie pénètre dans les plantes par l'intermédiaire de l'atmosphère, absolument comme l'acide carbonique.

Si les terrains argileux sont plus fertiles que les sols sablonneux, si les récoltes brûlent dans ces derniers quand ils sont récemment fumés, la cause en est à l'ammoniaque, qui est absorbé par l'argile et mis en réserve pour l'usage des plantes, tandis que le sable, loin de le retenir, le laisse échapper dans l'atmosphère, où il nuit alors par sa trop forte proportion. Par contre, les pluies de printemps exercent une action extrêmement favorable, en ramenant aux feuilles la riche proportion d'ammoniaque qu'elles enlèvent à l'air. C'est à la quantité considérable d'ammoniaque qui passe ainsi du sol dans l'air, qu'est dû sûrement ce phénomène, que les plantes prennent un accroissement tout aussi vigoureux dans les sols maigres situés dans le voisinage des terres récemment fumées que si elles se trouvaient placées sur ces dernières. De même que l'acide carbonique, l'ammoniaque rend solubles dans l'eau un grand nombre d'éléments du sol, et ainsi il agit non-seulement comme contribuant par lui-même à la nutrition, mais encore en facilitant l'absorption d'autres aliments; et, dans cette action, sa propriété de former des sels doubles et solubles lui vient surtout à propos. Aussi, si l'humus est une matière très-importante comme fournissant l'acide carbonique, il ne l'est pas moins comme source de l'ammoniaque.

4. L'*oxygène*. Nous n'avons rien à dire à cet égard que nous n'ayons déjà dit. Or, l'oxygène vient clore le cercle des éléments gazeux qui servent à la nutrition, et par conséquent nous allons nous adresser à ceux qui, en leur qualité d'éléments fixes, appartiennent au sol. Quoiqu'ils n'existent qu'en petite quantité dans le corps des plantes, celles-ci sont tellement liées à leur présence, qu'elles ne sauraient se développer quand ces éléments font défaut. Toutefois, il en est qui peuvent se substituer les uns aux autres, ce qui n'est le cas, cependant, que pour ceux qui sont absolument semblables dans leur action à l'égard des acides, comme la chaux et la magnésie, la chaux et la potasse, le fer et le manganèse. Des corps tels que l'ammoniaque, le phosphore, le soufre, le chlore, ne peuvent être remplacés par d'autres. Les services que ces éléments inorganiques rendent au corps des plantes sont-ils réellement indispensables? pour la plupart d'entre eux, cela n'a pas encore été reconnu. En tout cas, ils servent à neutraliser et à fixer une certaine quantité d'oxygène. La silice effectue uniquement la consolidation du corps des plantes dans ses diverses parties. Si le règne végétal a

pour mission de rassembler les substances minérales pour le besoin des animaux, on ne se rend pas bien compte de la nécessité d'un grand nombre d'entre elles. Quel que soit l'intérêt qui s'attache à ces questions, elles ne regardent le cultivateur que pour autant qu'il lui importe de connaître les éléments qui sont nécessaires aux plantes. Vider la question de leur utilité est l'affaire de la physiologie.

5. *L'acide silicique* (*silice*) se rencontre dans toutes les parties des végétaux et se rapproche un peu plus du carbone et de l'ammoniaque que les autres éléments minéraux, puisqu'il contribue à la consolidation des formes construites par ces corps organiques. C'est ainsi que les chaumes des graminées et des céréales renferment une forte proportion de silice. Quand ils n'en ont pas une suffisante qualité, ils versent, ainsi qu'on peut le remarquer dans les sols et avec une température où l'action de l'acide carbonique et de l'ammoniaque dépasse celle de la silice.

Comme la silice forme une des parties constitutives de la plupart des terres, elle ne saurait manquer aux végétaux. Il n'y a d'exception à cette règle que pour les sols tourbeux et humeux provenant de l'accumulation énorme de restes organiques, dans lesquels la silice est assez rare pour ne pas en offrir toujours une quantité suffisante dans un état soluble. Aussi arrive-t-il souvent que les blés, dans ces endroits, se trouvent entièrement versés, tandis qu'il n'y en a pas trace ailleurs. Ce qui prouve encore que cette substance y fait défaut, c'est qu'en transportant du sable sur les terrains tourbeux et humeux, on obtient souvent de plus beaux résultats qu'avec le meilleur fumier de ferme. L'acide silicique est généralement combiné aux alcalis et dans un état insoluble par l'eau et les acides ordinaires. Il est séparé de ses combinaisons par les acides carbonique et humique qui se forment pendant la décomposition des restes organiques ; ceux-ci s'emparent de la potasse, de la chaux et de la magnésie, et mettent l'acide silicique en liberté, et il reste alors soluble à l'état de pureté ou il entre dans d'autres combinaisons.

6. L'*alumine* fut jadis regardée comme faisant partie constituante des plantes. Aujourd'hui, on admet généralement qu'elle ne peut être absorbée, puisqu'elle est insoluble dans l'eau, ce qui fait que nous nous contentons de la mentionner en passant.

7. La *chaux*, par contre, est un des éléments les plus importants des plantes. Un grand nombre de végétaux paraissent même en exiger des quantités assez considérables dans le sol pour pouvoir prospérer.

La forme sous laquelle la chaux est absorbée, est le carbonate de chaux. Quoique difficilement soluble dans l'eau, il le devient cependant quand celle-ci contient une certaine proportion d'acide carbonique, qui se combine à la chaux et forme un bicarbonate de chaux. Il existe encore d'autres sels de chaux dans le sol, formés par d'autres acides, tels que, par exemple, le gypse, les chlorhydrates, les silicates, les phosphates et les humates de chaux. Les chlorhydrates ne se conservent pas à cause de leur grande solubilité; les autres sont peu ou point solubles dans l'eau, mais se trouvent décomposés par diverses substances. Les acides s'emparent d'autres bases et la chaux se combine avec l'acide carbonique. La dissolution s'opère d'autant plus lentement que la chaux est plus intimement liée à certains acides; toutefois, elle a lieu successivement quand d'autres sels sont mis en contact avec elle. Le cultivateur doit s'assurer de la présence du principe calcaire dans le sol, et s'il fait défaut, il est de son devoir d'y remédier.

8. La *magnésie* se comporte d'une manière analogue à la chaux, qu'elle accompagne constamment. Les plantes en contiennent toujours, et elle se rencontre le plus souvent dans les récoltes à graines. Même les végétaux qu'on cultive pour leur fibre, comme le lin et le chanvre, renferment de la magnésie. Les sources qui la fournissent au règne végétal sont entièrement analogues à celles de la substance calcaire.

9. La *potasse* est contenue, en grande quantité, dans la plupart des végétaux et leur est indispensable. Un grand nombre de terres stériles ne le sont que parce qu'elles souffrent de l'absence de cet oxyde; il est donc extrêmement important de connaître les sources qui le fournissent. La potasse

se rencontre dans plusieurs minéraux, et surtout en combinaison avec l'acide silicique, forme qui, seule, lui permet d'être conservée en dépôt dans le sol, puisque tous les autres sels de potasse sont tellement solubles, qu'ils sont ou promptement absorbés, ou s'infiltrent avec l'eau dans les profondeurs. Un minéral à potasse très-répandu est le feldspath, qui, en se dissolvant, fournit la potasse aux plantes. La dissolution elle-même s'opère à l'aide de l'acide carbonique renfermé dans le sol, qui chasse l'acide silicique et se combine avec la potasse. Des sols fertiles ne doivent donc jamais manquer de feldspath. L'acide humique qui se forme dans le sol sert aussi de dissolvant. Cette solubilité est donc déterminée par des substances qui dégagent beaucoup d'acide carbonique et humique, comme, par exemple, le fumier, lequel, cependant, entraine d'ordinaire avec lui beaucoup de potasse sous une forme soluble.

10 .La *soude* n'est exigée, en quantité un peu forte, que par certaines espèces de plantes appelées *salines*. Cependant, il en existe plus ou moins dans les autres végétaux, probablement comme remplaçant la potasse là où elle manque. La principale source qui la fournit est le sel de cuisine, qui se rencontre, sans aucun doute, dans tous les terrains, mais qui existe en plus grande abondance sur les bords de la mer, dans certains terrains gypseux ainsi que dans les endroits qui renferment des sources salées. C'est là qu'on voit

végéter les plantes salines qui n'existent nulle part ailleurs.

11. Le *fer*, qui est contenu dans les végétaux en minime quantité, agit d'une manière nuisible quand la proportion est plus forte. Aussi souffrent-ils dans les lieux où il se présente en quantité un peu considérable et dans un état très-soluble. Les sources qui le fournissent se rencontrent partout, car il n'existe certainement pas de terrain qui ne contienne du peroxyde de fer. C'est un véritable bonheur que cette substance soit insoluble dans l'eau et, comme telle, indifférente pour les végétaux. Le protoxyde de fer, qui contient moins d'oxygène se rencontre moins fréquemment. Celui-ci est très-soluble et provient ou de la désoxydation du peroxyde ou bien d'un commencement d'oxydation du fer métallique, provenant de l'usure des instruments aratoires; ou bien encore il se présente plus ou moins soluble, sous forme de sels de protoxyde de fer en combinaison avec l'acide carbonique, l'acide humique et les acides phosphorique et sulfurique.

12. Le *manganèse* se présente dans un grand nombre de plantes, quoique en quantité très-faible. Il en est même qui ne pourraient se développer sans lui. Quant à savoir s'il ne remplace pas le fer, ou s'il peut être remplacé par ce dernier, ou s'il est absorbé en combinaison avec lui, c'est ce qui n'est pas bien clair encore. Tout ce qu'on sait, c'est qu'il n'existe qu'en petite quantité dans le sol et

qu'il n'est pas possible de le reconnaître par la méthode ordinaire ; cependant, les plantes n'en végètent pas moins bien. Dans tous les cas, ce métal ne paraît être que de médiocre importance pour le règne végétal.

Voilà donc, entre les terres, les alcalis et les métaux, les substances dont les plantes ont besoin pour se développer. On peut encore les diviser en essentielles et en accessoires, selon qu'elles sont nécessaires ou non à la croissance des végétaux.

Suivant la prédominance de l'un ou l'autre élément, on divise les plantes en plantes à silice, à potasse et à chaux. Nous ne pouvons, quant à nous, nous contenter d'une semblable division, comme étant trop sujette à varier, puisque, dans un grand nombre, les éléments principaux se mélangent tellement, qu'une distinction, sous ce rapport, paraît extrêmement difficile et incertaine. C'est ainsi qu'on trouve une analyse de tabac qui donne 0,29 de potasse et 0,27 de chaux ; d'autres indiquant 0,50 de potasse et 0,24 de chaux, tandis, que, par contre, il en est avec 0,18 de potasse et 0,72 de chaux, etc.

Quoique la plupart des analyses indiquent une forte proportion de chaux, néanmoins cette circonstance ne nous paraît pas d'un grand poids, puisque d'autres montrent que la nature du tabac ne change point quand il contient une moindre proportion de chaux. Cependant, cette classification calcaire peut avoir cela d'utile pour le cultivateur.

puisqu'elle lui indique du moins un élément principal de ses plantes culturales qu'il doit prendre en considération ce qui, néanmoins, ne doit pas lui faire négliger les autres.

Il nous reste encore à énumérer les acides que les végétaux puisent dans le sol. Ils ne sont jamais absorbés à l'état pur, mais toujours en combinaison avec les alcalis, sous forme de sels. Aussi ne doit-on pas croire qu'ils restent à l'état d'acides dans le corps des plantes; ils y sont au contraire décomposés et leurs éléments fixes employés dans l'économie. Ils disposent ces substances à pénétrer dans le règne végétal, puisqu'autrement elles sont insolubles, et que, par leur action corrosive, elles détruiraient tous les organes.

13. L'*acide phosphorique*, qui est le plus important de ces acides, fournit, entre autres, aux semences le phosphore qui se trouve déposé dans les graines et qui contribue tant à leur propriété nutritive, puisque les animaux emploient une grande partie de cette substance à la formation des os et des muscles. C'est la proportion différente de phosphore et de soufre qui établi la différence entre les différents corps désignés sous le nom de *protéine*. Pendant longtemps , il a régné des doutes sur les sources qui fournissent l'acide phosphorique ; mais à présent on sait que l'apatite (un phosphate de chaux) est contenue dans le sol en une foule de minéraux qui, en se décomposant, laissent l'acide phosphorique entrer

dans la formation de sels solubles. L'acide phosphorique a une affinité toute particulière pour la chaux et le fer. Or, le phosphate de chaux est rendu soluble par l'eau chargée d'acide carbonique, et le protoxyde de fer par l'ammoniaque liquide ; et, ainsi dissous, ils pénètrent dans les racines des plantes. Indépendamment de l'apatite, il existe encore plusieurs autres minéraux qui contiennent du phosphate de chaux et qui se distinguent également par leur propriété fertilisante. L'acide phosphorique retourne au sol par l'engrais et les os qu'on y applique, pour y être utilisé à de nouvelles formations.

14. *L'acide sulfurique* apporte le soufre qui est également nécessaire à la composition des substances désignées sous le nom de *protéine*. Les sources qui le fournissent ne manquent dans presque aucun terrain, puisque le gypse est contenu dans la plupart d'entre eux. Celui-ci, quoique difficilement, est cependant soluble dans l'eau. La principale voie d'absorption paraît avoir lieu sous la forme de sulfate d'ammoniaque, puisque le carbonate d'ammoniaque décompose le gypse et forme un sulfate facilement soluble. C'est de cette manière que s'explique l'action fertilisante du gypse qu'on répand sur les champs (1).

(1) La plupart des agronomes n'admettent pas cette explication. Si le gypse agissait seulement en formant du sulfate d'ammoniaque par double décomposition, toutes les récoltes, ou à peu près toutes, profiteraient du plâtrage. Mais le gypse ne favorisant que les plantes de la

15. L'*acide chlorhydrique*, composé de chlore et d'hydrogène, est répandu dans le sol avec le sel de cuisine, et c'est sous cette forme qu'il est conduit aux plantes pour leur fournir la quantité de chlore dont elles ont besoin. Toutefois, il n'est absorbé que dans des limites très-restreintes et n'a d'importance que pour les plantes salines. La combinaison dans laquelle le chlore se rencontre dans les végétaux est ou bien le chlorure de sodium (sel de cuisine), ou bien le chlorure de potassium.

16. Les *acides humiques* forment un groupe tout à fait à part et pénètrent dans le règne végétal de deux manières. L'humus, en absorbant de l'oxygène et en se décomposant, donne naissance à des acides qui se combinent immédiatement avec l'ammoniaque, et, sous cette forme, ils se réunissent à d'autres corps pour constituer des aliments solubles et propres à être absorbés par les plantes. Longtemps on a révoqué en doute cette absorption de l'acide humique. Cependant, il n'y a pas de raison pour qu'il ne soit absorbé de la même manière que les autres acides. Comme les acides humiques doivent encore être considérés comme des produits d'une certaine période de transition de l'humus en acide carbonique, il est clair comme le jour que, dans certaines circonstances, ils doivent éprouver un plus grand degré de décomposition et servir d'a-

---

famille des papilionacées et des crucifères, on est autorisé à le considérer comme un engrais spécial.

liments aux végétaux sous la forme d'acide carbonique. La nature même de la chose nous indique que la source de ce corps se trouve dans l'humus, dont la proportion plus ou moins forte détermine le degré plus ou moins grand de fertilité des terres ; seulement, il faut que toutes les autres exigences y soient réunies également. L'humus en particulier exige encore l'accès de l'oxygène de l'air, sans lequel la décomposition ne peut s'effectuer.

Le rapport de l'humus aux substances minérales proprement dites nous conduit tout naturellement à l'action que les éléments exercent les uns sur les autres, ainsi qu'aux propriétés chimiques du sol.

CHAPITRE III.

Action chimique du sol.

Causes qui entretiennent l'action chimique du sol. — Action dissolvante exercée par l'acide carbonique et l'ammoniaque. — Propriétés physiques des terres. Humidités, air atmosphérique. — Quel est le meilleur terrain.

Nous savons que les végétaux n'absorbent les éléments du sol qu'à l'état de dissolution dans l'eau, et seulement quand ils y sont combinés. Si donc les substances solubles se trouvaient entièrement consommées, toute végétation devrait nécessairement disparaître d'un pareil sol. C'est ce qui est arrivé effectivement dans quelques contrées, jadis fertiles, aujourd'hui entièrement désertes. Mais la nature a eu soin d'assurer la continuation de cette fertilité en plaçant dans le sol, sous une forme insoluble, tous les éléments nécessaires à la nourriture des plantes, et qui se décomposent réciproquement par l'action de certaines substances, jusqu'à ce qu'enfin ils parviennent dans cet état de solubilité qui leur permet d'être absorbés par les plantes, après avoir passé fréquemment par une foule de formes intermédiaires. Un sol qui n'éprouverait pas d'action chimique intérieure serait mort pour la végétation. Cet état, cependant, ne pourrait manquer d'arriver, si des causes extérieures ne venaient constamment s'opposer à cet équilibre. Ces causes se trouvent, en partie, dans les différents degrés de chaleur, en partie dans des tensions électriques, mais principalement dans l'action de l'acide carbonique et de l'ammoniaque qui proviennent et de l'atmosphère et de la décomposition des restes organiques. Il est à remarquer que l'humus, qui n'est qu'un terme moyen entre une décomposition totale, en se combinant à l'oxygène de l'air, forme un grand nombre d'acides variés qui tous sont propres à entrer en combinaison intime avec l'acide carbonique et l'ammoniaque, par l'action desquels la plupart des corps deviennent solubles.

En examinant de plus près les différentes voies de décomposition, on pourrait presque les classer en deux groupes principaux.

Le premier comprend les composés qui deviennent solubles dans l'eau chargée d'acide carbonique. Ce sont particulièrement les carbonates simples, tels que le carbonate de chaux, de magnésie, de fer et de protoxyde de manganèse; en outre, quelques combinaisons d'acide phosphorique, qui, autrement, sont difficilement solubles, comme les phosphates de chaux et de magnésie.

Le deuxième groupe comprend les corps solubles dans l'ammoniaque. Ce sont surtout les composés d'acide humique, difficilement solubles, tels que les humates de chaux et de magnésie, l'humate de fer peroxydé, comme aussi de protoxyde de fer et de manganèse, auxquels viennent s'ajouter quelques phosphates, tels que les phosphates de protoxyde de fer et de manganèse.

On voit par là comment toutes les substances, jadis insolubles, peuvent être dissoutes dans l'eau à l'aide des deux éléments principaux qui se dégagent de l'humus. Toutefois, il faut distinguer entre cette espèce de solubilité et celle qui est produite par l'affinité que certains corps possèdent les uns pour les autres et qui leur permet de se décomposer pour entrer dans des combinaisons solubles, sous la loi de cette règle générale qui fait que les acides forts peuvent se substituer à des acides plus faibles. Or, comme il est à supposer que ce phénomène cesse en peu de temps, une semblable action chimique ne peut, dans aucun cas, avoir une longue durée. Ici, de même, ce sont encore l'acide carbonique et l'ammoniaque, conjointement

avec les acides humiques, qui altèrent l'état de neu-
tralité.

L'acide carbonique, par exemple, se combine avec
les bases qui sont unies à l'acide silicique en ex-
pulsant ce dernier. C'est ainsi, notamment, que la
potasse et la soude sont séparées de leurs combinaisons insolubles avec la silice.

Par contre, l'ammoniaque décompose le carbonate de chaux, et les acides humiques chassent
l'acide phosphorique hors de la chaux, de la magnésie, du protoxyde de fer et du manganèse. Il
est clair qu'alors l'équilibre doit être troublé et
que les corps ainsi séparés de leurs combinaisons
primitives doivent chercher à s'allier à d'autres.
Toutefois, ici encore cette propriété reconnue aux
acides carbonique et humique ne s'exerce pas exclusivement : d'autres acides énergiques doivent agir
de la même manière ; mais ceux-ci se présentent
moins fréquemment, et surtout ils ne se trouvent
pas renouvelés à chaque instant. Aussi leur action
ne pourrait-elle jamais s'exercer d'une manière
aussi durable, comme cela a lieu pour les premières qui y sont continuellement apportées du
dehors.

Une partie essentielle de l'action qu'exerce
l'humus doit être rapportée à cette production con-
tinue d'acide carbonique, d'ammoniaque et d'a-
cides humiques. C'est à elle que sont dus les effets
d'une fumure, souvent plus encore qu'aux nouveaux éléments qu'elle conduit au sol.

Nous croyons, dans ce qui précède, avoir donné une idée générale de l'action chimique qui s'opère dans le sol. Mais celle-ci est encore subordonnée à d'autres conditions sans lesquelles elle ne peut s'effectuer, ou bien s'effectue d'une manière défectueuse. La première, c'est que le sol doit être perméable à l'eau et à l'air, parce qu'aucune action chimique n'est possible sans la première et que, sans la présence de l'oxygène de l'air, l'acide carbonique et l'ammoniaque, qui en dépend, ne sauraient se former. Ceci nous conduit, tout d'abord, aux propriétés physiques des terres, que nous allons examiner un peu en détail.

Comme nous l'avons déjà fait observer, le sol a besoin : 1° d'humidité, 2° d'air atmosphérique.

L'humidité lui est fournie par la pluie et la rosée, ainsi que par l'absorption de la vapeur d'eau contenue dans l'atmosphère, de la part de certaines substances. En outre, il importe qu'il ne laisse pas cette humidité se dégager trop promptement, ni qu'il la retienne en trop forte quantité.

L'argile possède la propriété d'absorber beaucoup d'eau et de ne la laisser dégager que difficilement. La même propriété est attribuée par quelques-uns à la magnésie.

Par contre, le sable et la chaux se comportent d'une manière tout opposée. C'est à peine si tous deux absorbent l'eau qu'ils laissent échapper tout aussitôt. Si donc l'argile exerce une action nuisible en retenant trop fortement l'humidité, le sable tombe dans le défaut opposé; réunis, leurs propriétés, suivant la proportion du mélange, se corrigent les unes les autres. La proportion de sable, en augmentant dans les terres argileuses, diminue leur faculté de retenir l'humidité, et *vice versâ*. Le mélange de sable et d'argile est donc une condition essentielle pour que le sol soit propre à la végétation; aussi, en recherchant les propriétés physiques du sol, doit-on mettre en première ligne la faculté d'absorber et de retenir l'eau, et c'est elle qu'il faut toujours essayer de déterminer. Toutefois, nous croyons inutile, pour la pratique, de la fixer en chiffres, et nous faisons bien plus d'attention à la proportion de sable contenue dans une terre pour juger de cette propriété. Comme nous l'avons déjà dit précédemment, l'humus jouit également de la faculté d'absorber et de retenir l'eau; de telle sorte qu'on peut également conclure de sa présence à l'état plus ou moins humide d'une terre. Comme le calcaire se dessèche, il se rapproche davantage du sable dans son action.

Une autre condition indispensable à une terre, c'est d'être perméable à l'air atmosphérique. On cherche à déterminer cette propriété par le poids spécifique; nous croyons qu'il suffit au cultivateur praticien, s'il sait conclure de la composition d'un terrain à sa faculté d'absorber l'air. C'est encore le sable, dont la présence contribue à ameublir le sol, qui favorise surtout cette propriété d'être perméable à l'air; et ici, son importance devient très-grande. Quoique l'humus attire également l'air atmosphérique, son action est cependant tout à fait différente. Il ne le laisse point passer, et sans une addition de sable, le sol reste fermé à l'action de l'atmosphère. Aussi possédons-nous un grand nombre de sols argileux, riches en humus, qui cependant ne montrent leur fertilité que dans les années exceptionnellement favorables; la plupart se ferment à l'action de l'air et empêchent de la sorte la décomposition des parties humeuses, de manière que, tout en renfermant une grande quantité d'humus, ils restent inertes. Nous connaissons de semblables terrains qui, ne possédant que 0,05 de sable, appartiennent aux terrains stériles avec une proportion de 0,15 d'humus. La prédominance de l'argile et de l'humus, en les rendant avides d'eau, est cause encore que ces sortes de terrains restent ordinairement froids et humides.

Si la présence du sable est essentielle à tout bon terrain, il y a encore lieu à considérer la grosseur des grains. Un sable extrêmement fin, dont les grains se rapprochent de la ténuité de l'argile, tel qu'on le rencontre dans la glaise, lui est entièrement analogue dans son action qui est à peine sensible. La grosseur du grain d'un sable mouvant ordinaire peut être considérée comme le commencement d'une action un peu énergique. Les grains de la grosseur d'une tête d'épingle ordinaire, entremêlés de grains plus gros, sont les plus propres à favoriser l'accès de l'atmosphère. Des morceaux plus gros laissent le sol trop ouvert et favorisent aussi bien sa dessiccation que l'infiltration des substances solubles dans la profondeur.

Une autre propriété, extrêmement importante des terres, consiste dans leur faculté d'absorber la chaleur. Celle-ci a été mesurée dans les différentes espèces de sols, à l'aide du thermomètre et elle a donné les résultats suivants :

La couleur de la surface détermine surtout le degré d'échauffement d'un sol. Plus elle est foncée, plus est grande la somme de calorique enlevée aux rayons solaires.

Le degré d'humidité peut également être estimé d'après la couleur. Quand elle est très prononcée, la chaleur ne peut pas pénétrer dans le sol, puisqu'elle est immédiatement employée à l'évaporation de l'eau. L'humidité d'une terre est donc déterminée ou par son exposition, ou par sa composition, puisqu'il est des espèces de terres qui absorbent et retiennent plus fortement l'eau. Aussi le cultivateur, en jugeant la faculté de s'échauffer d'une terre, doit-il prendre en considération ces deux propriétés.

L'inclinaison que les champs présentent aux rayons solaires est également à considérer. Plus ceux-ci tombent d'aplomb, plus leur action est puissante, et souvent même elle remédie à la trop grande humidité d'une terre. La position même d'une terre par rapport aux vents n'est pas tout à fait à dédaigner. Les endroits qui ne sont pas soumis à leur influence s'échaufferont plus tôt que ceux qui y sont exposés. Une autre propriété physique des terres est la faculté de laisser infiltrer l'eau plus ou moins rapidement. Elle est déterminée, en partie, par l'espèce de terre elle-même, en partie aussi par la situation des couches du sol. C'est bien le sable qui laisse toujours passer le plus facilement l'eau, ce qui se fait plus promptement encore quand il repose sur le gravier. Dans les sols argileux compactes, il est possible que cette propriété produise de bons effets suivant les circonstances ; mais quand la couche de glaise est très-mince et la couche de gravier, située en dessous, très-puissante, l'infiltration augmente, au point de devenir nuisible pour la végétation.

Cette propriété, poussée trop loin, est extrèmement nuisible. L'eau qui s'infiltre trop rapidement emporte en même temps avec elle tous les éléments solubles du sol. Aussi, dans ces endroits, les plantes languissent-elles, tandis que la surface du champ paraît fertile. C'est avec raison que les campagnards appellent ces terres très-gourmandes, que tout l'engrais qu'on y apporte ne produit souvent aucun effet et disparaît promptement.

En terminant, nous appellerons encore l'attention sur la propriété opposée, la non-perméabilité des couches de terre. On sait qu'une couche de glaise située trop près de la surface rend stériles les meilleurs sols qui reposent sur elle. Souvent aussi il se produit un effet analogue quand la couche sous-jacente est un sable mouvant qui parfois se tasse extrêmement fort.

L'humidité du champ est le résultat ordinaire de semblables conditions du sol.

D'après ce qui vient d'être dit, on doit regarder comme le meilleur terrain :

1° Celui qui, autant que possible, renferme toutes les substances minérales nécessaires à la nourriture des plantes et où elles se trouvent mélangées dans des combinaisons telles, qu'elles deviennent petit à petit solubles.

2° Celui qui, avec une proportion suffisante d'humus, se trouve dans les conditions nécessaires à provoquer sa solubilité.

3° Celui qui, dans ses propriétés physiques, est constitué de telle sorte qu'il permet un accès suffisant à l'atmosphère et à l'humidité, sans tomber dans les inconvénients inhérents à un excès de ces propriétés.

CHAPITRE IV.

Action exercée par la fumure.

Perte résultant de l'infiltration et de l'évaporation. — Causes de la
fertilité des défrichés et trèfles rompus. — Ce qu'on doit entendre
par le mot engrais. — Division des matières fertilisantes. — But de
la fumure. — Fixation de la valeur du fumier d'après Boussingault

Par l'enlèvement des récoltes, le sol se trouve
avoir perdu non-seulement des éléments fixes,
mais encore des éléments volatils, et cela dans
une proportion équivalente au poids de la substance sèche qu'on en a retirée. Les éléments fixes
sont entièrement à mettre sur le compte du sol,
car vouloir calculer la quantité qui leur vient de la
poussière atmosphérique, que diverses évaluations

portent à 100 kilogrammes par mesure de 36 ares et par année, nous mènerait trop loin. Mais il en est tout autrement quand il s'agit des éléments volatils. Les plantes en puisent une grande partie dans l'atmosphère, et l'autre partie se forme par la décomposition des masses organiques qui se trouvent dans le sol : ces dernières, par conséquent, doivent également diminuer de plus en plus. Il est vrai qu'on a avancé que si les plantes reçoivent de l'acide carbonique et de l'ammoniaque de l'atmosphère, la présence de ces derniers éléments dans le sol n'est pas tout à fait indispensable. Nous ne pouvons, quant à nous, nous ranger à cette opinion ; car, en premier lieu, nos plantes de la culture sont, à proprement parler, des produits grossis artificiellement, qui ont besoin des éléments volatils en quantité bien plus grande que l'atmosphère n'est en état de les leur fournir ; en second lieu, ces substances, dans le sol, servent non-seulement à être absorbées directement, mais elles doivent encore rendre les autres éléments solubles et propres à être absorbés. Une fois qu'elles sont consommées, toute action chimique du sol cesse. Voilà pourquoi elles doivent être comptées parmi les besoins essentiels des sols arables, au même titre que les substances fixes, et une diminution dans la masse organique ou dans les sources qui la fournissent, ne doit pas plus avoir lieu qu'une diminution dans les éléments fixes du sol.

Mais l'enlèvement des récoltes n'est pas la seule

voie d'épuisement des éléments du sol. Une partie
des éléments passe de nouveau dans l'atmosphère,
ce qui a lieu, surtout, quand le soleil donne par un
temps chaud et humide.

La décomposition des masses organiques se pour-
suit alors avec tant d'activité, que les végétaux ne
peuvent absorber tous les produits qui en proviennent. Ceux-ci sont tout aussi peu consommés par
le sol, et doivent par conséquent se dégager. Nous
en citerons pour preuve ce fait bien connu, que les
plantes d'un sol maigre affectent une végétation
tout aussi luxuriante dans le voisinage d'un champ
récemment fumé, que si elles se trouvaient placées
sur ce dernier.

Une autre partie, plus particulièrement composée d'éléments volatils, s'infiltre à l'état soluble
dans les profondeurs. Quand elle ne pénètre point
dans des couches de sable très-profondes, elle
n'y est pas perdue pour toujours, mais elle est
mise en dehors de la portée des racines et reste
sans effet sur les plantes à système radicellaire
superficiel.

On en trouve une preuve dans la fertilité extraordinaire que montrent communément les défrichés quand on les ensemence au bout de quelques
années. La même chose se voit dans la culture du
trèfle, qu'on ne doit communément faire revenir
sur un même terrain qu'après une série d'années,
jusqu'à ce que le sous-sol se soit de nouveau sa-
turé des substances fertilisantes nécessaires aux

longues racines de cette légumineuse. L'expérience montre encore que des trèfles rompus exercent la même action, pour les plantes qui les suivent, qu'une terre récemment fumée, puisque les racines de trèfle, à leur tour, cèdent à la couche supérieure du sol les aliments nutritifs qu'elles ont été chercher dans la profondeur. En considérant ces deux voies d'épuisement des éléments du sol, on comprend que l'opinion émise par quelques-uns, qu'il suffit de restituer au sol uniquement les substances qui ont été enlevées par les récoltes, ne doit pas être prise dans un sens trop absolu. La perte qui résulte de l'infiltration et du dégagement dans l'atmosphère, ne peut être calculée exactement, puisqu'elle dépend de certaines circonstances, telles que la stratification des couches du sol et la température ; aussi est-il convenable de la porter un peu plus haut qu'elle n'est en réalité, d'autant plus que l'agriculteur intelligent doit toujours avoir pour but d'enrichir sa terre. Si donc il veut cultiver certaines plantes qui ont besoin pour prospérer de l'une ou l'autre substance en quantité plus forte que le sol sur lequel on veut les placer n'est en état de leur fournir, il est alors besoin encore d'un certain excédant qu'il n'est pas possible d'évaluer exactement.

La fumure, tout en restituant au sol les substances qui ont été enlevées par les récoltes, a encore pour objet de contribuer à son ameublissement mécanique. Toutefois, ce but n'est que secondaire, quoiqu'on doive le prendre en considération,

en certains cas donnés, pour le choix de l'engrais.
Tandis qu'on ne comprenait anciennement sous le
nom d'*engrais* que le fumier de ferme, on étend
aujourd'hui cette dénomination à toutes les substances qui fournissent de nouveaux éléments nutritifs au sol. Par conséquent, l'ammoniaque, le
gypse et autres sont des engrais au même titre
que le meilleur fumier de ferme, quoique ces substances diffèrent essentiellement dans leur composition.

On peut diviser les différentes matières fertilisantes d'après leurs propriétés. La meilleure
classification paraît être celle qui est basée sur
leurs éléments composants. Mais la grande difficulté, c'est que, dans la plupart des engrais généralement usités, les divers éléments ne se présentent pas purs, mais mélangés les uns aux autres,
de sorte que la division ne peut avoir lieu que
d'après certains éléments principaux.

Les substances qui servent à la nutrition
des végétaux se composent de deux groupes principaux, à savoir, celui où les éléments volatils prédominent, principalement les engrais organiques,
et celui qui est formé d'éléments fixes, ou les engrais minéraux. Les premiers appartiennent plus
particulièrement à la nature organique, les seconds
à la nature inorganique ou règne minéral. Ceux
de la première série sont principalement composés
de carbone, d'azote, d'hydrogène et d'oxygène, et,
parmi eux, c'est surtout l'azote qui détermine la va-

leur d'un engrais de ce genre. Si donc nous considérons cette valeur, l'importance de l'azote ressort d'autant plus que les sources qui le fournissent sont plus limitées que celles des autres corps gazeux. Par conséquent, plus est grande la proportion d'azote que contient un engrais, plus il a d'importance pour la nutrition des plantes de la culture.

Un rapport analogue se présente pour les engrais inorganiques. Chacun d'eux possède un élément principal dont le degré d'importance ne se règle pas seulement par la question de savoir, s'il est plus ou moins indispensable, mais encore, si les sources qui le fournissent se rencontrent plus ou moins abondamment. C'est ainsi, par exemple, que les phosphates doivent être estimés bien plus que d'autres sels de chaux, qui sont beaucoup plus répandus.

Ce qui vient d'être dit peut être résumé de la manière suivante :

1. Le but de la fumure est en général de restituer au sol les éléments qui lui ont été enlevés par les récoltes ;

b) De l'enrichir soit dans son ensemble, soit pour le besoin particulier de certaines plantes qu'on veut cultiver ;

c) Dans certains cas, d'obtenir un ameublissement mécanique.

2. Toutes les substances qui fournissent au sol des éléments qui peuvent servir à la nutrition des plantes, sont des engrais; toutefois, elles doivent

être apportées dans un état soluble, ou contenir des corps qui provoquent cette solubilité dans le sol. L'engrais le plus efficace devient sans action quand il n'est pas soluble.

3. Les substances fertilisantes qui conviennent le plus à un sol donné sont celles qui s'y rencontrent en plus petite quantité. Leur importance s'accroît avec le besoin qu'en ont certaines espèces de plantes.

4. Il est surtout à remarquer qu'aucun des éléments qui sont nécessaires à la nutrition des végétaux ne doit faire défaut dans le sol ; autrement, tous les autres restent sans effet.

Ces règles peuvent être regardées comme les points principaux qu'un cultivateur intelligent doit observer en fumant sa terre. S'il ne les perd pas de vue, le choix de la substance fertilisante importe peu. L'ignorance des moyens d'atteindre le but que nous venons d'indiquer est la cause d'une énorme déperdition de fumier. Pour subvenir au besoin de certains éléments, on applique fréquemment une masse de fumier telle, que la dixième partie suffirait amplement pour atteindre le but qu'on se propose. Tout le restant ne sert de rien à cet usage, et se perd ou dans l'atmosphère ou dans le sol, sans produire le moindre effet (1).

(1) Ici la théorie se trouvera souvent en désaccord avec la pratique. Les grandes masses de fumier augmentent considérablement les récoltes, produisent beaucoup d'humus et donnent au sol une valeur plus importante. Les praticiens n'admettent pas qu'on puisse aller trop loin en fait de fumure ; presque toujours, pour ne pas dire toujours, on reste en deçà des bornes.

Comme le fumier de ferme contient la plupart des substances qui servent à la nutrition des plantes, et cela sous une forme soluble, c'est lui qu'on emploie ordinairement et toujours avec succès, puisqu'une partie, du moins, convient au but qu'on se propose. Mais l'autre partie est gaspillée bien inutilement et pourrait être utilisée ailleurs d'une manière bien plus profitable.

On est loin d'avoir dit le dernier mot sur cette matière. Il est une foule de circonstances qui doivent être prises en considération dans cette manière d'appliquer l'engrais. Il est du devoir des agriculteurs de chercher à la perfectionner. De l'application judicieuse des différentes espèces de matières fertilisantes, doit résulter une grande économie dans leur emploi, ainsi qu'une diminution considérable du prix de revient des denrées alimentaires. On peut regarder comme un premier pas fait dans cette voie, la méthode, dès longtemps usitée, de répandre sur le sol certaines substances minérales, comme cela a lieu quand on plâtre les champs de trèfle, ou qu'on ajoute des os pulvérisés. Or, comme on méconnaît à cet égard toute espèce de règles, il arrive fréquemment qu'une substance minérale fertilisante produit d'excellents résultats dans certains endroits et fort peu dans d'autres ; aussi les voit-on élever bien haut par quelques personnes, tandis que d'autres vont jusqu'à condamner leur usage.

On voit, par là, l'utilité qu'il y a pour le

cultivateur praticien de posséder quelques connaissances en chimie, dussent celles-ci se borner aux
éléments principaux qui entrent dans la composition du sol et à la manière dont ils se comportent les uns vis-à-vis des autres. L'agriculteur qui
y est initié, saura, dans la plupart des cas, se tirer
immédiatement d'affaire et trouver les moyens les
plus économiques pour atteindre son but, tandis
que le praticien ignorant ne pourra y arriver qu'à
grands frais et après bien des détours.

L'action du fumier consiste, d'une part, dans
l'addition de nouvelles substances nutritives et,
d'autre part, dans la production de substances volatiles qui servent, d'abord, directement à la nourriture des plantes, mais qui, de plus, ont encore
pour effet de rendre solubles les éléments qui ne
le sont pas, comme cela a été démontré précédemment pour l'acide carbonique et pour l'ammoniaque.
La cause pour laquelle le fumier de ferme dépasse,
sous ce rapport, toutes les autres substances fertilisantes, se trouve dans l'heureuse composition de
ses parties, notamment dans la présence de celles,
qui s'y forment par suite de la décomposition; à
quoi il faut ajouter que la décomposition elle-
même est essentiellement favorisée, à son tour, par
la composition du fumier.

Une analyse du fumier, faite par Richardson,
a donné les résultats suivants :

100 parties, à l'état frais, contenaient :

$$\begin{array}{lr}\text{Matière organique} & 24,96 \\ \text{Eau} & 64,96 \\ \text{Sels} & 10,08 \\ \hline & 100\end{array}$$

Séchée à 100°, la substance renfermait :

$$\begin{array}{lr}\text{Carbone} & 37,40 \\ \text{Hydrogène} & 5,27 \\ \text{Oxygène} & 25,52 \\ \text{Azote} & 1,76 \\ \text{Cendres} & 30,04 \\ \hline & 100\end{array}$$

La cendre était composée comme suit :

A. *Substances solubles dans l'eau.*

Potasse	3,22
Soude	2,73
Chaux	0,34
Oxyde de manganèse (?)	0,26
Acide sulfurique	3,27
Chlore	3,15
Acide silicique	0,04

B. *Substances solubles, en partie, dans l'acide chlorhydrique.*

Acide silicique	27,01
Phosphate de magnésie	7,11
Phosphate de fer	2,26
Phosphate de manganèse et d'alumine	Traces.
Carbonate de chaux	9,34
Carbonate de magnésie	1,63

Sable. 30,99
Charbon 0,83
Alcali et perte 5,14

On comprend que chaque nouvelle analyse de fumier doive présenter des différences. C'est ainsi que Boussingault, au lieu de 1,76 d'azote, trouve 2 p. c. de cette substance. Toutefois, l'analyse précitée peut, du moins, donner un aperçu approximatif qui, dans tous les cas, permet de calculer avec certitude la quantité d'éléments qui sont apportés au champ par la fumure.

Boussingault détermine la valeur du fumier d'après la proportion d'azote qu'il contient. Cette idée cependant ne peut être approuvée qu'alors que le fumier contient, en outre, tous les autres éléments nécessaires. Dans ce cas, il est probable que, quand même les végétaux n'ont pas besoin de tout l'azote qui se dégage de l'ammoniaque, la décomposition des éléments du sol doit s'effectuer d'autant mieux que la quantité d'ammoniaque qui y peut être employée est plus grande. C'est à cela peut-être qu'est due l'action fertilisante remarquable qu'exercent les sels d'ammoniaque, où les autres éléments de nutrition doivent manquer forcément, si les plantes ne les trouvaient dissous dans le sol.

Au reste, personne ne contestera que l'azote ne forme une partie essentielle de la protéine, qui par conséquent doit mieux se développer dans les plantes en qualité et en quantité, quand il se trouve plus abondamment dans le sol. Seulement, on doit éviter toute espèce d'exclusivisme qui accorde trop d'importance à un seul corps en ravalant le prix des autres, manie qui, dans le choix et dans l'emploi de certaines substances fertilisantes, a déjà entraîné avec elle bien des mécomptes.

Si donc nous pouvons considérer le fumier d'étable comme l'engrais par excellence, puisqu'il renferme toutes les substances nécessaires à l'alimentation des plantes, et cela dans la proportion la plus convenable, nous ne devons pas manquer de le traiter avec tous les soins possibles. A cet effet, il faut remplir les conditions suivantes :

1° Soumettre le fumier à un commencement de décomposition, qui peut être plus ou moins avancée, d'après l'usage auquel on le destine.

2° Éviter, autant que possible, toute perte de parties volatiles pendant la fermentation.

DEUXIÈME PARTIE.

—

CHAPITRE PREMIER.

Application des principes de la nutrition aux assolements.

Fixation des éléments volatils et des éléments fixes que les plantes enlèvent au sol. — Quantités de substances renfermées dans la couche arable du sol. — Moyen de déterminer la quantité d'éléments fixes apportés par les engrais. — Moyen de calculer le prix et la quantité de fumier à mettre sur le compte d'une récolte donnée. — Réglementation de la succession des récoltes d'après les principes de la chimie. — Des moyens de venir en aide à la végétation par l'addition de certaines substances.

Nous allons maintenant aborder une question qui a été bien des fois agitée, sans qu'on ait encore réussi à l'éclaircir complétement. On comprend que nous ne pouvons, en conséquence, donner que des indications qui, cependant, dans

un grand nombre de cas, nous fourniront des solu-
tions extrêmement intéressantes. Nous voulons
parler du rapport d'après lequel le cultivateur doit
estimer l'augmentation de fertilité de son champ
par les engrais qu'il y apporte, ainsi que son épuisement par l'enlèvement des récoltes. Pour y arriver, on peut suivre deux voies bien différentes.
Par la première, on détermine la propriété épuisante des différentes plantes de la culture d'après
l'expérience, en comparant le produit total de la
récolte avec les déchets qui restent sur le champ.
Tant qu'on ne possédait qu'une connaissance im-
parfaite des éléments qui servent à la nutrition des
végétaux, le système, basé sur l'expérience, était
le seul praticable ; aussi s'était-on efforcé d'en
renfermer les résultats dans des formules extrèmement ingénieuses. Mais maintenant, comme suite
naturelle du progrès des véritables connaissances
scientifiques, une étude plus attentive des principes fondamentaux de la science permet d'y ramener une foule de questions qui répandent sur
l'ensemble une simplicité qu'on n'aurait pas soup-
çonnée de prime abord. De là est née la deuxième
méthode de calculer les propriétés épuisantes des diverses plantes de la culture. On peut connaître dès
à présent quelles sont les substances que le sol
renferme en lui-même, et quelles autres lui sont
apportées par l'engrais et par l'air atmosphérique.
Si l'on en déduit les éléments qui lui sont enlevés
par les récoltes, et si l'on prend en considération

ceux qui se dégagent dans l'atmosphère et ceux qui, s'infiltrant dans les profondeurs, sont perdus momentanément pour la végétation (question qui, pour le dire en passant, demande encore à être soumise à un examen ultérieur), toute l'étude de l'épuisement par les différentes plantes de la culture se trouve ramenée, en définitive, à un simple calcul mathématique. Sans doute, tous les cas qui peuvent s'y présenter ne sont pas susceptibles d'une précision absolue; mais n'en est-il pas de même dans la première méthode, où l'influence de la température et l'état plus ou moins prospère des récoltes, qui en est une conséquence, laissent, évidemment, une porte bien plus large ouverte à l'arbitraire. Nous allons donc entrer dans quelques développements relativement à cette deuxième méthode.

Comme on le sait, les éléments qui sont employés à la nutrition des plantes se divisent en deux groupes principaux, notamment ceux qui dérivent de l'atmosphère et qui y retournent de nouveau après la mort des plantes, à moins que des circonstances imprévues n'y mettent obstacle, et ceux qui, provenant du sol, ne peuvent jamais prendre la forme gazeuse et ne l'abandonnent point sans des causes particulières. De ces deux groupes, le premier contient les éléments volatils, et le second les éléments fixes, vulgairement connus sous le nom de *cendres*. Les substances atmosphériques qui entrent dans la nutrition des plantes leur viennent donc en partie de l'air et en partie se condensent dans le sol, où elles forment des combinaisons avec les substances fixes ou cendres, et ainsi, en dissolution dans l'eau (qui elle-même est composée de deux gaz), elles sont absorbées par le règne végétal.

Les substances contenues dans le premier de ces groupes ne peuvent donc être calculées avec une précision absolue ; c'est tout au plus si l'on parvient à déterminer plus exactement la proportion de celles qui se trouvent dans les engrais, en tant qu'ils renferment des substances végétales ou animales. Ce calcul d'ailleurs serait quelque peu superflu, puisque ces éléments se trouvent constamment remplacés par suite de l'affluence incessante qui s'en effectue de toutes parts, et que ceux qui existent dans l'engrais n'ont en majeure partie d'autre objet que la production de nouveaux éléments gazeux en renforçant l'action chimique du sol. Aussi, les diverses comparaisons qu'on a établies entre la consommation de ces substances et la quantité qui y a été apportée, ont-elles constamment accusé un excès de dépenses, qui ne peut avoir été emprunté qu'à l'atmosphère, soit que celui-ci ait cédé ces substances directement aux plantes, soit qu'elles aient été absorbées par le sol. Il se produit ici une affluence incessante de l'extérieur, et les substances de cette nature qui sont apportées par les engrais n'agissent pas exclusivement par leur masse pondérable, mais encore et surtout par leur état de concentration, qui provoque et active la dissolution des éléments fixes; il ne faut pas perdre de vue cependant que le fait même de leur décomposition est une source de production d'éléments atmosphériques, qu'elle ait lieu chimiquement ou mécaniquement. Il en est tout autrement des éléments volatils du sol. Il est vrai que diverses observations indiquent, ici aussi, une sorte d'augmentation de la fertilité du sol, par la poussière qui se trouve en suspension dans l'atmosphère; mais elle est trop peu considérable pour la faire entrer dans le calcul qui, par conséquent, ne peut affecter que :

1. La provision de substances inorganiques qui est renfermée dans la composition du sol, en partie à l'état insoluble, en partie sous une forme soluble, et dont la première est comme mise en réserve pour les besoins futurs, tandis que la seconde sert à la consommation actuelle des plantes.

2. Les substances inorganiques qui sont apportées au champ par les différentes espèces de fumures.

Tandis qu'on peut se contenter d'émettre des hypothèses sur la présence dans le sol des aliments volatils, ou les évaluer d'une manière générale quand on y conduit le fumier, on doit s'assurer exactement si les éléments fixes y existent en quantité suffisante pour le besoin des plantes et possèdent le degré de solubilité convenable; car il est à remarquer que chaque espèce de plante

exige une proportion déterminée de certains éléments fixes et que, quand l'une ou l'autre de ces
substances ne s'y rencontre pas en quantité suffisante, tous les autres éléments cessent également
d'être absorbés ; que par conséquent le développement d'un végétal se règle d'après la consommation de certaines substances principales. A chaque
récolte, une certaine partie de ces éléments fixes
se trouve donc enlevée, et quand celle-ci n'est pas
remplacée, le sol finit par s'appauvrir. Indépendamment de cette voie d'épuisement, la couche
arable éprouve encore une autre perte d'éléments
fixes, variable suivant sa constitution physique,
par la quantité qui s'infiltre dans les profondeurs,
quantité qui, d'ailleurs, échappe à toute apprécia-
tion, quand même on cherche à la ramener à la
surface par la culture des plantes dont les racines
s'enfoncent profondément en terre.

Si donc on doit envisager la provision d'éléments fixes, préexistant dans le sol, comme en
formant, en quelque sorte, l'inventaire, et ceux
qu'on y apporte, comme les recettes qui, à l'entrée,
viennent accroître cet inventaire, alors l'enlèvement qui s'en fait par les récoltes constitue la
sortie, et le reste donne les provisions qui s'y trouvent pour l'avenir. Si l'on parvenait seulement à
déterminer d'une manière approximative ces données, on pourrait, par un calcul très-simple, trouver facilement l'épuisement qu'éprouve le sol
pendant toute la rotation, du moins dans ses élé-

ments fixes. Quant aux éléments volatils, il vaut mieux les laisser en dehors du calcul et se borner à reconnaître les voies par lesquelles ils pénètrent dans le sol.

Toutefois, comme il est extrêmement difficile de calculer les provisions qui se rencontrent dans le sol, qu'il faut pour cela une analyse chimique très-exacte; comme, en outre, l'état du sol doit être considéré, à l'entrée de la rotation, comme une grandeur inconnue (quant à savoir s'il contient tous les éléments nécessaires à la végétation, c'est là une question dont nous n'avons pas à nous occuper ici), tout le calcul de l'épuisement d'un assolement est ramené, en dernier lieu, à une simple comparaison entre la quantité d'éléments fixes qui est apportée au sol par l'engrais et celle qui lui est enlevée par les récoltes. Cette comparaison est d'autant plus facile, qu'on peut reconnaître d'une manière assez précise la composition de diverses espèces de fumiers, ainsi que celle des récoltes, ce qui toutefois ne nous fournit que des résultats approximatifs, puisque les éléments constitutifs sont sujets à varier dans l'engrais comme dans les plantes.

Ce genre de calcul est d'autant plus simple et plus sûr, que dans l'engrais, etc., les différents éléments existent à l'état soluble, tandis que dans ceux qui se trouvent dans le sol, on a à prendre en considération leur degré de solubilité.

Au reste, on a voulu se rendre compte de la quantité de substances qui se trouvent dans la couche arable, et après avoir déterminé leur poids réciproque par une analyse quantitative, on a pesé un pied cube de terre végétale bien desséchée; on a trouvé les proportions suivantes :

En prenant un pied pour la profondeur de la couche arable, on aurait pour une mesure de 36 ares, un poids d'environ 1,250,000 kilogr. Si donc l'on trouve, à l'analyse chimique, 0,01, cela représente 12,500 kilogr.; 0,001 donnerait 1,250 kilogr., et 0,0001, 125 kilogr., etc.; ce qui montre quelle proportion insignifiante des éléments du sol se trouve consommée par une seule récolte. Si l'on est à même d'entreprendre, seulement d'une manière approximative, une analyse quantitative du sol, on peut facilement se représenter la proportion des éléments d'après les données ci-dessus, et en fixer l'inventaire avec toute la précision qui est nécessaire aux opérations pratiques.

Pour connaître la proportion des éléments fixes qui sont apportés par les engrais, on a calculé les éléments fixes contenus dans la quantité de fourrage qui a été consommée sur un domaine donné, dans une moyenne de dix ans. Voici les chiffres auxquels on est parvenu.

Potasse	2398,9	kilogrammes.
Soude	159,6	»
Chaux	2731,6	»
Magnésie	470,5	»
Oxyde de fer	87,5	»
Acide phosphorique	488,8	»

Acide sulfurique   203,6   kilogrammes.
Acide silicique   2984,6   »
Chlorure de potassium   57,6   »
Chlorure de sodium   474,0   »

Avec cette masse on fumait, en moyenne, 5 hectares et demi. C'était donc une fumure ordinaire, laquelle donnait par *morgen* ou mesure de 56 ares :

Potasse   151,7   kilogrammes.
Soude   10,4   »
Chaux   113,1   »
Magnésie   50,7   »
Oxyde de fer   5,7   »
Acide phosphorique   31,8   »
Acide sulfurique   13,5   »
Acide silicique   162,5   »
Chlorure de potassium . . .   3,7   »
Chlorure de sodium   25,6   »

Ou bien, si l'on adopte 12,500 kilogr. pour une fumure moyenne, environ 5 p. c. de tout le poids du fumier en éléments fixes.

Si l'on considère cette somme d'éléments comme une fumure complète, telle qu'elle est usitée dans la contrée de Ladenbourg (en d'autres lieux, on peut trouver ce rapport en calculant la proportion d'éléments dans les charriots, comme on les conduit aux champs), il est facile d'arriver à connaître la consommation d'éléments qui se fait par les récoltes, pour peu qu'on sache exactement quels sont les éléments que les plantes absorbent et dans quelle proportion elles les enlèvent au sol. Des recherches très-minutieuses sur la composition de diverses plantes de la culture ont été entreprises par Boussingault; nous avons cherché à suppléer à celles qui ne se rencontrent pas dans son livre, par un grand nombre de données empruntées à d'autres auteurs, et c'est ainsi qu'a été composé le tableau qui se trouve annexé à la fin de cet ouvrage. En comparant maintenant l'épuisement des récoltes avec la quantité d'engrais qui a été apportée au champ, et cela dans une série d'années, on peut voir quelles sont les substances que le sol se trouve avoir perdues et quelles autres ont contribué à l'enrichir.

Voici un exemple d'une évaluation plus exacte, telle qu'elle nous est fournie par une exploitation du Ladenbourg.

L'assolement était composé comme suit : 1re année, tabac; 2e année, épeautre; 3e année, orge; 4e année, trèfle; 5e année, épeautre; 6e année, pommes de terre ou rutabagas; enfin, 7e année, avoine.

Le tableau suivant montre dans quelle proportion les éléments sont consommés.

FUMURE PAR MORGEN (56 ARES).	Potasse.	Soude.	Chaux.	Magnésie.	Oxyde de fer	ACIDE phosphorique.	ACIDE sulfurique.	ACIDE silicique (silice).	CHLORURE DE potassium.	CHLORURE de sodium.
	kilog. 156,7	kilog. 10,4	kilog. 113,1	kilog. 30,7	kilog. 5,7	kilog. 51.9	kilog. 15,5	kilog. 162,5	kilog. 5,7	kilog. 29,6
1) Tabac	25,7	0,5	57.2	12,1	0,4	5,5	4,2	12,1	—	10,4
2) Épeautre.	11.6	1,6	4,5	1,3	0,05	7,7	0,4	46,3	2,8	—
3) Orge.	24,7	1,9	8,1	5,6	4,5	15.8	2,7	50,1	—	8,5
4) Trèfle	50,4	0,5	51,4	8,0	0,25	8,0	2,6	6,7	—	6,9
5) Épeautre.	11.6	1,6	4,5	1,5	0,05	7,7	0,5	46,5	2,5	—
6) Pommes de terre.	64.9	--	2,4	7,5	0,6	15,2	9,5	7,5	—	7,5
7) Avoine.	7,7	5.2	5.5	5.6	0,8	4.8	1,1	32,8	0,1	0,9
Totaux. . .	176,6	11,5	91,6	59.6	6,45	60,7	20,8	201,8	5,2	54,5
Il y a donc en moins	19,9	0,9	—	8,9	0,8	28,8	7,5	59,5	4,5	45,7

Par conséquent, cette rotation ne pouvait être continuée sans affaiblir la fertilité du sol ; aussi se vit-on forcé d'appliquer encore, plus tard, une légère fumure sur le trèfle. Si l'on avait remplacé les éléments qui manquent par des substances minérales qui les renferment, comme par exemple l'acide phosphorique, en répandant des os en poudre, on aurait atteint le même but et obtenu, à moins de frais, une augmentation de la richesse du sol.

Nous rappelons de nouveau à l'attention des cultivateurs que ces calculs ne doivent pas être pris au pied de la lettre. Ils nous donnent cependant un aperçu assez exact, et c'est là déjà un grand avantage. Indépendamment de sa destination principale, le tableau fournit encore d'autres indications extrêmement intéressantes.

Veut-on, par exemple, quand on s'occupe du prix de revient, savoir combien de fumier l'on doit mettre sur le compte d'un produit donné, on cherche dans le tableau le poids de ses éléments constitutifs. Pour 5 de ces parties on compte 50 kilogr. de fumier et on multiplie la somme ainsi obtenue par 12,5, puisqu'une charge ordinaire peut être évaluée à 1,250 kilogr. Le nombre de charriots qu'on obtient de la sorte, calculés à leur prix commercial, donne ainsi d'une manière assez approximative le chiffre qu'il faut assigner à la quantité de fumier que consomme un végétal donné.

On peut, en outre, reconnaître par là, avec

quelque certitude, les plantes qui se succèdent avec le plus d'avantage. Abstraction faite de cette règle capitale que l'assolement doit être arrangé de telle sorte que les mauvaises herbes ne puissent envahir le sol, on peut dire d'une manière générale, que la récolte qu'on doit faire succéder à une autre est celle dont les éléments composants sont moindres que dans la précédente. En outre, deux végétaux se suivent encore très-bien quand leur élément principal diffère; ceux-ci, en effet, ne sauraient se gêner mutuellement dans la nourriture qu'ils absorbent, puisque, tandis que l'une des substances est enlevée en grande quantité, l'autre a le temps de devenir soluble.

Dans tous les cas cependant, on doit, quand on veut régler la succession des récoltes d'après les règles de la chimie, ne pas perdre de vue la force de végétation et la puissance absorbante des plantes qu'on cultive ; car il est des végétaux qui, à cause de leur système radicellaire très-délicat, demandent un terrain très-riche, tandis que d'autres, qui sont pourvus de racines plus vigoureuses, tout en ayant besoin d'une nourriture identique, produisent la même quantité d'éléments sur un sol de qualité bien inférieure. Ce cas ne se présente pas seulement pour des espèces de plantes tout entières mais même pour les variétés d'une seule et même espèce.—C'est ainsi qu'il existe des variétés de pommes de terre qui ne végètent que dans les sols riches, tandis que d'autres, comme la grosse pomme de terre qu'on cultive pour la nourriture des bestiaux, se contentent d'une terre de bien moindre qualité.

Plusieurs autres règles que le cultivateur ne doit pas perdre de vue dans la composition des assolements, découlent encore de cette différence dans les propriétés absorbantes.

Si, par exemple, il lui prend fantaisie de placer des plantes à racines longues et vigoureuses dans un sol qui, dans ce moment, contient une trop grande quantité de substances solubles, celles-ci ne réussissent point et manquent par excès de nourriture. Dans ce cas, les céréales versent, les pommes de terre poussent en fanes et ne développent point de tubercules, et, dans la plupart des végétaux, les semences sont frappées de stérilité. Quelques-uns seulement, comme le tabac, les betteraves, carottes et navets, etc., qu'on cultive pour le volume de leur masse plutôt que pour la production de la graine, ne peuvent pas être placés dans un sol trop riche ; aussi les dispose-t-on, d'ordinaire, en tête de l'assolement.

Comme les plantes douées d'un grand pouvoir d'absorption n'occupent jamais les terres très-riches, tout en enlevant au sol une égale quantité de principes fertilisants, il est clair que leur propriété épuisante doit paraître plus sensible que celle d'autres végétaux, puisqu'un sol pauvre doit perdre moins qu'un sol riche pour que la perte ne semble pas proportionnellement beaucoup plus grande. Ce sont les plantes que le cultivateur connaît sous le nom d'épuisantes, qui attaquent plus fortement le sol et qui pour cela sont frappées d'un certain discrédit, quoique en réalité elles n'y puisent pas plus d'éléments que les autres. On comprend, dès lors, sans qu'on se donne la peine d'insister, que quand des végétaux de cette nature ont occupé un terrain, ceux à système radicellaire plus délicat ne peuvent plus y prendre place, à moins qu'on n'ait agi, au préalable, sur la richesse du sol ou sur la dissolution de ses éléments de nutrition.

Quoique les substances terreuses seules aient été comprises dans ces calculs, le tableau n'indique pas moins la proportion des substances volatiles azotées ou non azotées. Sans fonder là-dessus ses calculs, on peut s'assurer par là si la plante a besoin d'une plus ou moins grande quantité d'ammoniaque et régler la fumure en conséquence.

Nous voici maintenant arrivé à une question qui est de la plus haute importance, mais qui est loin encore d'avoir pris tout le développement qu'on désirerait lui voir acquérir : nous voulons parler, notamment, de l'addition de certaines substances pour le besoin particulier des plantes qui en font une énorme consommation. L'expérience avait déjà conduit anciennement à la pratique de plâtrer les trèfles, opération qui doit être envisagée comme le commencement de ce mode de venir en aide à la culture des végétaux. Or, il existe encore une foule d'autres plantes qui nécessitent une quantité considérable de certaines substances qu'on peut fournir artificiellement au sol. On doit prendre cela en sérieuse considération dans un plan de succession de récoltes, surtout par rapport au sol de tout un domaine. Combien de fois, en effet, n'arrive-t-il pas qu'on désirerait étendre la culture d'une récolte sur toute une sole, si la terre se trouvait partout de même nature? Combien de fois, cette différence de qualité du sol ne vient-elle pas entraver un assolement arrêté? Sans doute, il n'est pas toujours possible de rendre le sol homogène en grand; mais quand la différence ne porte que sur un petit nombre d'éléments qui manquent à la composition du terrain pour qu'il soit partout également favorable à la végétation de certaines plantes, on peut facilement y suppléer, et leur culture, sous ce rapport, ne souffre plus aucune difficulté. Quand l'une ou l'autre récolte rencontre donc un sol qui ne lui est pas entièrement convenable, on doit y apporter les éléments qui font défaut, absolument comme on y répand la graine. Toutefois, leur degré de solubilité doit toujours être prise en considération.

Mais alors même que le sol est entièrement favorable, on peut encore venir puissamment en aide à la végétation en y ajoutant l'une ou l'autre substance principale sous une forme soluble. Il va sans dire que l'état général de fertilité du champ doit alors être suffisante, sans quoi la matière qu'on y apporte produirait tout aussi peu d'effet que le plâtre quand on le répand sur un terrain maigre. Il faut encore absolument que la substance qu'on y ajoute soit soluble; autrement son action serait nulle, et cette substance serait, comme on dit communément frappée d'impuissance. C'est ainsi qu'on a obtenu un chanvre extrêmement beau sur une bonne terre qui n'avait reçu pour toute fumure qu'une addition de gypse ou plâtre, qu'on arrosait ensuite de purin.

Dans la culture de certaines plantes, quand on procède en grand, on peut souvent, par la pratique de l'addition de certaines substances particulières, prévenir un énorme gaspillage de fumier. On est notamment dans l'habitude, depuis les temps les plus reculés, quand il s'agit de produire certaines espèces de plantes à un haut degré de perfection, d'avoir recours à une prodigieuse masse de fumier. C'est ainsi que le cultivateur fume ses champs de tabac et ses chènevières. Il n'est pas rare alors de l'y voir enfouir tout l'engrais dont il dispose, sans songer que certaines substances spéciales produiraient le même effet. Cette pratique donne lieu à une déperdition de fumier qui provient uniquement du défaut de connaissances sur les besoins des différentes plantes de la culture ; car fréquemment quelques centaines de kilogrammes de chaux, gypse, os en poudre, vitriol vert et autres, voire même du purin mélangé d'acide sulfurique, pourraient rendre les mêmes services qu'on cherche maintenant à obtenir avec une quantité presque double de fumier. Il est donc nécessaire de connaître les éléments composants des plantes et les besoins qu'ils entraînent. On arrive souvent par là à réaliser bien des économies.

Quand on se trouve dans la nécessité de faire suivre de suite deux ou plusieurs fois une seule et même plante, il est également indispensable de conduire sur la terre, sous une forme soluble, les principaux éléments qui entrent dans sa composition. Aussi est-ce avec raison qu'on a condamné la pratique du *rantouillage*, qui consiste à cultiver plusieurs fois de suite un produit dans une même terre, et tout cultivateur devrait avoir honte de se livrer à une pareille succession de récoltes. L'insuccès qui frappe ordinairement le produit, à la deuxième année, ou, tout au moins sa grande infériorité, doit être attribué à ce que les principes nécessaires à la première récolte existaient dans le sol sous une forme soluble, mais ne pouvaient suffire à la seconde. Il est constant alors qu'un degré de développement moins considérable en est une suite inévitable.

Il en est de même des plantes qui ne peuvent se suivre qu'après une série d'années, comme par exemple la luzerne, les trèfles, etc. Il y a quelque temps, cette question a été traitée avec beaucoup d'importance, et l'on regardait comme une chose extrèmement remarquable le retour du trèfle, après trois ans, qui se voyait dans quelques localités. L'explication en était toute simple cependant : les conditions des terrains n'étant pas partout les mêmes, il s'ensuit que la dissolution d'un certain nombre de substances s'effectuait plus rapidement dans un lieu que dans un autre : de plus, quand un sol ne contient certains corps qu'en petite quantité, il faut une période de temps plus considérable pour que la proportion nécessaire à la culture de quelques plantes puisse s'y accumuler.

Ces rapports nettement établis ont fourni le moyen de se livrer sans inconvénient à la pratique des récoltes successives. Il suffit de remplacer les principes qui se trouvent consommés, la première année, en ayant égard, bien entendu, à leur solubilité. De cette manière, on a pu cultiver de l'épeautre après de l'épeautre et faire revenir la pomme de terre et particulièrement la luzerne après deux années d'intervalle. Toutefois, la nécessité d'un certain excès, qu'on ne donne pas ordinairement quand on ajoute ces substances au sol, est vraisemblablement la cause qui fait que ces luzernières, tout en fournissant d'abondantes coupes pendant deux, trois ans, ont d'ordinaire une durée moindre que celles qui ne reviennent qu'après une série d'années.

Quoique cette question soit loin d'être traitée avec tout le développement qu'elle comporte, on doit convenir que M. De Babo est un de ceux qui ont le plus contribué à la mettre en relief. Cependant, on ne saurait nier que des expériences plus en grand sont encore indispensables, puisqu'une foule de causes particulières peuvent surgir, qui, avec les expériences en petit, peuvent conduire à de faux résultats.

CHAPITRE II.

Règles qui doivent diriger le cultivateur dans le choix des successions de plantes.

Des plantes. — Moyens d'activer la végétation de l'épeautre. — Moyens de venir en aide aux autres céréales. — Moyens de venir en aide aux racines et fourrages. — Moyens d'activer la végétation des plantes commerciales. — Moyens de venir en aide aux légumineuses. — Tableau comparatif des principes constitutifs des végétaux de la culture.

Nous allons maintenant exposer les principales règles qui doivent diriger le cultivateur dans le choix des successions de plantes, et faire connaître les substances minérales que nous jugeons propres à favoriser le développement de certaines d'entre elles.

Dans le plan d'un assolement, on doit considérer les points suivants.

1. La première année qui suit la fumure, les principes nutritifs existent dans le sol en plus grande quantité. En outre, les éléments volatils du fumier se trouvent tellement concentrés, que c'est à ce moment qu'ils doivent exercer l'action la plus intense sur les éléments terreux pour les rendre solubles, et par cette raison ils doivent augmenter le nombre des substances solubles dans la couche végétale.

Par conséquent, on doit placer en tête de l'assolement les plantes qui peuvent absorber, sans inconvénient, la plus forte somme d'éléments terreux. A cette catégorie appartiennent le tabac, les betteraves qui servent de nourriture aux animaux, le maïs et autres produits analogues; ou bien on doit choisir des plantes dont la puissance d'absorption est faible et qui, par conséquent, exigent dans le sol un certain degré de richesse pour se développer d'une manière suffisante, comme par exemple l'épeautre, le froment, etc.

2. Il est très-convenable d'alterner constamment, entre une plante sarclée et une céréale, afin de détruire les mauvaises herbes et de soumettre le sol, dans sa plus grande partie, à l'action de l'air par l'ameublissement que procurent les binages, et de contribuer ainsi à rendre ses principes solubles. La céréale qui suit s'en trouve on ne peut mieux. On remplace parfois la récolte binée

par le chanvre, qui laisse également la terre meuble
et exempte de mauvaises herbes.

3. Comme les récoltes binées souffrent moins
d'un excès de principes nutritifs que les céréales,
il vaut toujours mieux les placer en tête de l'assolement, et n'appliquer qu'exceptionnellement la
fumure aux grains d'hiver ; et, alors même, elle
doit être moins forte que pour les plantes sar-
clées.

4. Il est nécessaire de faire suivre une récolte
par une autre qui absorbe, pour la plus grande
partie, des éléments différents de la précédente, ou
qui, du moins, est douée de racines plus énergiques,
et qui possède par conséquent un plus grand pouvoir absorbant. C'est ainsi que cette action est
plus puissante dans le seigle que dans l'épeautre,
après lequel il trouve encore une nourriture suffisante, quoiqu'il ait entièrement besoin des mêmes
éléments. Aussi est-il fréquemment cultivé immédiatement après l'épeautre dans les localités où la
richesse du sol s'y prête. L'orge absorbe des principes tout différents, ce qui fait qu'elle peut quel-
quefois suivre le froment, etc. Dans ce cas, on in-
tercale, en place de la plante sarclée, une récolte
de vesces qu'on enfouit en vert.

Il est des contrées où l'on cultive avec avantage
le froment après l'épeautre. Les deux céréales se
ressemblent dans leurs éléments constitutifs ; il est
donc clair qu'ici aussi, c'est à la plus grande force
d'absorption que doit être attribuée la réussite du

froment après une récolte entièrement analogue.

Dans les cas ci-après, on peut activer la végétation de certaines plantes de la culture par des additions convenables de substances minérales.

Épeautre. Cette céréale, qui est pourvue de racines extrêmement faibles, possède une force de végétation peu considérable par rapport aux autres plantes de la même famille. Aussi est-ce de toutes les céréales celle qui demande le sol le plus riche. Les éléments inorganiques et volatils du sol, notamment, doivent s'y trouver dans une certaine proportion au point de vue de la solubilité. Quand les derniers communiquent à la végétation une force telle que les premiers ne peuvent les suivre dans ce développement, on obtient des grains mal conformés. Si l'on se voit forcé de faire revenir cette céréale sur une terre après la première année, c'est principalement à l'acide phosphorique qu'il faut avoir recours, parce que cette substance sert particulièrement à la formation des graines, et qu'elle est par conséquent consommée en quantité telle, que la désagrégation qui s'opère pendant l'hiver est insuffisante à la remplacer, surtout aussi parce que les diverses combinaisons de l'acide phosphorique avec la chaux et le fer appartiennent aux composés les plus difficilement solubles.

Toutefois, il est facile de remédier à l'absence de phosphates par des additions d'os calcinés ou d'os en poudre, mais seulement dans le cas où le phosphate de chaux, que ces substances renferment, a été décomposé, en majeure partie, par le purin ou l'acide sulfurique et rendu soluble.

La quantité qu'il faut ajouter ne peut être déterminée par la proportion d'acide phosphorique qui est enlevée par les récoltes. Il paraît plutôt que cette absorption s'effectue avec d'autant plus de rapidité et d'énergie, qu'elle se trouve favorisée par un plus grand excès de cette substance et qu'elle agit particulièrement sur le développement des grains, qui deviennent gros et bien nourris, ce qui doit nous engager à l'administrer à dose aussi élevée qu'il est possible de le faire au point de vue économique. Ce qui vient corroborer l'importance de cette règle, c'est qu'en répandant cette substance d'après le besoin présumé des plantes, c'est à peine si l'on observe quelque effet, tandis que cette action se montre des plus efficaces quand on y en apporte une quantité quelque peu forte.

En cultivant de l'épeautre après de l'épeautre (pratique connue sous le nom de *rantouillage*), on remarque que quand le champ est quelque peu fertile, la paille de cette céréale acquiert une vigueur extraordinaire au détriment des grains qui restent chétifs et mal nourris. Ceci vient confirmer la justesse de l'opinion que nous venons d'émettre, tout en indiquant l'époque à laquelle on doit apporter les substances qui manquent au dé-

veloppement des grains. Cette époque se trouve
être le commencement du printemps, avant le binage des céréales d'hiver. Les substances que nous
venons d'indiquer ont ainsi tout le temps de se
mêler au sol pour pouvoir être absorbées à l'époque
de la formation des grains. Mais quand les os pulvérisés et autres n'ont pas été rendus solubles au
préalable, il vaut mieux les répandre sur la semence en automne.

Là où les cendres des savonneries contiennent
une forte proportion d'acide phosphorique, elles
conviennent parfaitement à la fumure des champs
d'épeautre, et, comme on le comprend, leur action
peut être renforcée en les traitant par le purin.

On a trouvé, d'ailleurs, que l'addition de phosphates agit partout de la manière la plus heureuse,
lors même que les plantes ne comptent point cette
substance au nombre de leurs éléments principaux.

La cause en est peut-être à la très-minime proportion d'acide phosphorique qu'on rencontre ordinairement dans le sol, puisque, par suite de la
consommation qui s'en est faite pendant une longue
série d'années sans qu'on l'ait suffisamment resti-
tuée, cette substance paraît s'être épuisée plus que
les autres.

On obtient également de très-beaux résultats
quand on arrose modérément les céréales d'hiver
avec du purin.

Le même besoin d'acide phosphorique se fait
sentir pour le *seigle*. On sait que le seigle réussit

rarement après une récolte de pommes de terre très-abondante.

Ici encore, l'énorme quantité d'acide phosphorique qu'absorbent les pommes de terre paraît en être la cause, puisqu'il reste à peine six mois de temps pour le renouvellement de la proportion de cet acide dans le sol. Dans un cas de non-réussite du seigle après pommes de terre, ses grains se montraient surtout minces et chétifs. On pourrait en déduire que seigle après pommes de terre doit être traité absolument comme si on faisait du *rantouillage;* ce que ne peuvent manquer de confirmer des expériences qu'on entreprendrait à cet égard.

L'*Orge* nécessite de très-fortes quantités de potasse, de chaux, d'acide phosphorique, d'acide silicique et de chlorure de sodium, probablement parce qu'on récolte d'un champ d'orge bien venue une très-grande masse de substances. Ajoutez à cela que ses racines sont délicates et douées d'un faible pouvoir d'absorption. Aussi demande-t-elle un sol tendre et bien ameubli, qui a besoin notamment d'être fortement labouré avant l'hiver, afin de décomposer ses éléments le plus possible par la désagrégation. Non moins favorablement agit une récolte verte enfouie, laquelle, indépendamment de l'ameublissement qu'elle provoque, contribue encore, par le dégagement de carbonate d'ammoniaque, à rendre soluble le phosphate de chaux en particulier.

Comme on cultive surtout l'orge pour la préparation du malt, et qu'une trop forte accumulation de la proportion d'azote est alors à éviter, il ne convient pas de la semer sur un champ fraîchement fumé. On lui réserve alors un sol qui a déjà porté plusieurs récoltes sans avoir cessé d'être riche en éléments inorganiques. Mais quand on destine cette céréale à la confection du pain, elle paie largement une fumure à engrais décomposé et notamment un parcage. On a des exemples qui prouvent que des terres qui avaient été traitées de cette manière ont rendu de 20 à 24 malter (30 à 36 hect.) par morgen. (36 ares.)

Lorsqu'on conserve des doutes sur la présence dans le sol de quantités suffisantes de potasse, de chaux, d'acide phosphorique et de sel marin, on peut remplacer ces substances par des cendres, du gypse, des os pulvérisés, et environ 5 kil. de sel de cuisine. La cendre et le sel de cuisine, étant des substances très-solubles, doivent être répandus lors des semailles; le gypse et les os pulvérisés peuvent être apportés plus tôt, quand ils n'ont pas été traités par le purin. Mais quand cela a eu lieu, il convient également de les répandre en même temps que la semence.

L'*avoine* est de toutes les céréales celle qui se contente du plus maigre terrain, quoique, sous le rapport des principes azotés, elle le cède peu aux autres, notamment aux céréales d'hiver. Elle consomme de même des quantités à peu près égales de potasse et de chaux ; mais, par contre, elle prend plus de soude et de magnésie.

Elle exige moins d'acide phosphorique, lequel paraît être remplacé par la silice.

Cette dernière circonstance, jointe à sa plus grande force de végétation, explique pourquoi l'avoine se contente d'un sol de moindre qualité. Mais, en revanche, c'est chose connue qu'une bonne récolte d'avoine épuise tellement le champ qui l'a portée, qu'il faut absolument fumer pour le remettre en état de pouvoir servir à d'autres plantes.

Quand on veut rendre un sol maigre propre à porter de l'avoine, on peut y parvenir à l'aide de cendres, de chaux calcinée et de gypse, et, quand l'acide phosphorique fait entièrement défaut, par des additions d'os calcinés qu'on a traités par le purin. Quelques centaines de livres de cendres des savonneries, qui contiennent la plupart des éléments renfermés dans l'avoine, rendent également de très-grands services, quand on les a traitées préalablement par le purin et répandues en même temps que la semence.

Une récolte de *maïs* enlève à la terre des proportions notables de potasse et d'acide phosphorique qui entrent dans les grains, mais une minime quantité des autres éléments. En revanche, presque tous les éléments terreux, et cela dans de très-fortes proportions, sont nécessaires à la formation de la paille : aussi n'y a-t-il rien d'étonnant à ce que cette plante soit rangée parmi celles qui épuisent le plus.

On peut dès lors le placer sur une terre récemment fumée et l'arroser avec du purin pendant sa végétation, ce qui est surtout avantageux quand on le destine à servir de fourrage vert. L'extrême épuisement du sol est clairement démontré par ce fait que du maïs, cultivé comme fourrage vert et pesé exactement quand on l'a distribué aux animaux, a donné un rendement de 2,400 kilog. par morgen (36 ares). Un peu de sel de cuisine et de cendre, dissous dans le purin, renforce considérablement son action.

Chacun sait que les *pois* sont également cultivés sur un sol récemment fumé. En somme, ils exigent moins d'éléments inorganiques, mais, en revanche, une forte proportion d'azote. On peut cependant dépasser la dose de la fumure, en ce sens qu'alors la partie herbacée se développe démesurément aux dépens de la formation des graines qui en souffrent. Par suite de la forte proportion de chaux et de magnésie qui est contenue dans la tige et les feuilles, un chaulage se montre très-efficace dans les terrains où le calcaire n'est pas abondant, de même que chacun sait qu'on obtient d'excellents résultats en y répandant du plâtre, lequel fournit encore au sol l'acide sulfurique qui se trouve dans les parties herbacées, en grande quantité (1).

(1) On obtient, en effet par ce moyen de très-belles fanes, mais les graines sèches ne cuisent pas facilement.

Il paraît qu'une certaine richesse du sol en substances inorganiques est particulièrement profitable au pois, pour que le carbonate d'ammoniaque qui se dégage du fumier frais n'agisse pas d'une manière prédominante sur le développement des tiges et des feuilles, qui, alors, recevraient une trop petite quantité d'éléments inorganiques quand ceux-ci font défaut, circonstance qui ne peut qu'avoir une action nuisible pour la formation des graines.

Quant aux *betteraves*, on doit considérer soigneusement si elles sont cultivées pour le sucre ou pour la nourriture des animaux. Dans le premier cas, les principes azotés doivent être en aussi faible proportion que possible, et l'on doit, par conséquent, éviter tout ce qui les engendre.

Par contre, celles-ci renferment une quantité notable d'éléments inorganiques. On y destine donc des terres qui contiennent encore beaucoup de vieille force, mais qui, pendant un certain nombre d'années, n'ont plus reçu de fumure fraiche. Il paraît qu'une fumure de substances inorganiques, et notamment de cendres de bois, de potasse ou de plâtre, peut être très-convenable, et il serait d'autant plus désirable d'en voir faire l'essai, qu'une quantité plus forte de calcaire semble, du moins pour la vigne, agir favorablement sur l'augmentation de la production du sucre.

Les betteraves destinées aux animaux sont d'autant plus nutritives qu'elles contiennent plus de substances azotées; aussi est-il profitable de les fumer avec du fumier de ferme et de les arroser avec du purin pendant la végétation. On renforce l'action du purin en y mélangeant un peu de cendres et quelques livres de sel de cuisine; toutefois, on doit user de ce dernier avec précaution. Il se peut qu'on obtienne de très-bons résultats en plâtrant les betteraves, avant de les arroser avec du purin, puisque la proportion de chaux et d'acide sulfurique est loin d'y être insignifiante.

Les *navets de jachère* renferment principalement de la potasse, de la chaux, de la magnésie et de l'acide sulfurique. On s'est souvent très-bien trouvé d'arroser copieusement avec du purin et de plâtrer immédiatement après la semaille. Répandre des cendres de savonneries sur la semaille paraît encore donner de beaux résultats. On peut également renforcer le purin par de l'acide sulfurique, ce qui donne naissance à la formation du sulfate d'ammoniaque. Il n'est pas rare de voir fumer les navets avec du fumier de ferme, ce qui cependant doit être considéré comme un véritable gaspillage, puisqu'on apporte ainsi un grand nombre de substances dont les navets n'ont aucun besoin. Une semblable fumure ne se peut justifier que sur les terres trop maigres, pour laisser dégager une quantité de carbonate d'ammoniaque suffisante à dissoudre les éléments terreux du sol.

Les *pommes de terre* exigent principalement, indépendamment de la chaux, de la potasse, de la

magnésie, du phosphore et de l'acide sulfurique.
La proportion de chaux consignée dans le tableau
nous paraît trop faible, puisqu'il est notoire qu'elles
prospèrent mieux dans les sols calcaires que dans
ceux qui sont privés de cette substance. Aussi est-
ce avec succès qu'on a fait usage de cendres de
savonneries répandues avant le binage.

Une fumure consistant en gypse, en cendres de
bois, en un peu d'os pulvérisés et de sel de cuisine
(6 kil. par morgen badois, 36 ares), se montrait
également très-efficace. Sur un terrain de très-
médiocre qualité, qui, indépendamment de la récolte de pommes de terre, devait encore être
préparé pour une céréale d'hiver, on avait
transporté du fumier avant le buttage et on
l'avait déposé aux pieds des plantes. Cette méthode agissait particulièrement par l'extrême ameublissement des tas qui favorisait la formation des
tubercules; mais en revanche elle est dangereuse
quand la maladie des pommes de terre sévit.
Quoique les champs ainsi traités montrassent peu
de traces de cette maladie, cependant le nombre
des tubercules avariés était bien plus considérable
que dans les autres champs; ce qui confirmait l'ancienne expérience qu'une fumure fraîche est favorable au développement du germe de cette maladie.

Le *colza* exige constamment une forte fumure,
puisqu'il consomme une forte proportion de tous
les éléments du sol. En outre, il est à remarquer

qu'il n'occupe la terre que pendant un espace de temps relativement très-court. Pour qu'il puisse donc absorber les substances nécessaires en quantité suffisante, il faut que celles-ci s'y rencontrent sous une forme soluble ; et il est de fait que c'est dans les sols bien préparés qui ont été fumés quelque temps d'avance et dans lesquels le fumier a été intimement mélangé à la couche arable que le colza réussit le mieux. Comme la paille de colza a besoin, pour sa formation, d'une forte proportion d'acide sulfurique, on obtient d'excellents résultats en plâtrant très-fort au commencement du printemps, comme on a eu plus d'une fois l'occasion de s'en assurer.

Le binage et le buttage du colza, qui contribuent tant à favoriser son développement, n'ont d'autre but que d'augmenter l'action chimique du sol et de provoquer la dissolution de ses éléments en facilitant l'accès de l'air atmosphérique.

Le *chanvre* a besoin d'une forte proportion de calcaire, à côté d'une quantité moindre, quoique encore considérable, de magnésie et de potasse, moins d'acides phosphorique et sulfurique, mais une proportion relativement considérable de sel de cuisine.

Pour augmenter dans le sol la quantité de chaux, on commence par répandre sur la chénevière, dès l'automne, du plâtre qu'on arrose ensuite avec du purin, opération qu'on répète au printemps. On n'a recours à quelques chariots de fumier que

dans le cas où l'on désire arriver à l'ameublissement du sol et à l'augmentation du carbonate d'ammoniaque comme dissolvant des autres éléments
du sol. Là où le sol était riche par lui-même en
substances solubles, M. De Babo a pu supprimer
totalement l'addition du fumier. Son chanvre est
toujours le plus beau de la localité, et, tout récemment encore, le chanvre ainsi traité a donné
un produit bien supérieur à celui qui provenait
d'une terre qui avait été fumée pour la semaille
de cette plante.

Il serait à essayer si, en fumant avec de la chaux
vive dans le courant de l'hiver et en arrosant avec
du purin dans lequel on a dissous environ 5 kil.
de sel de cuisine, on ne parviendrait pas à
produire une action plus grande encore sur le
chanvre, tout en répandant du plâtre sur la semence. Comme la chaux vive contient toujours une
certaine quantité de magnésie, on remédierait
ainsi avec plus de succès au besoin qui se fait
sentir de cette dernière substance qu'en y appor-
tant du plâtre seul.

Le *tabac* est de toutes les plantes celle qui sup-
porte la plus forte fumure, puisque indépendamment d'une nourriture très-riche en principes
volatils, il a besoin d'une grande proportion d'éléments terreux. La période de végétation, qui est
très-courte, demande aussi que toutes ces substances
se rencontrent dans le sol, alors qu'on y trans-
plante le tabac. A proprement parler, on ne sau

rait appliquer au tabac une trop grande quantité de matières fertilisantes, puisqu'il ne souffre aucunement d'une végétation luxuriante et qu'on rentre promptement dans les dépenses de fumier qu'on a faites.

Comme il a besoin d'une quantité très-abondante de potasse, de chaux et de magnésie, il convient de mêler ces substances soit au fumier qu'on y transporte, pour renforcer son action, ce qui se fait surtout en répandant une terre très-riche ou bien de la marne, soit au sol, après la fumure et le dernier labour. Cette pratique donne d'excellents résultats, qu'on le fasse avant le premier ou le deuxième binage. Mais alors les substances employées doivent avoir été traitées antérieurement par le purin et rendues solubles, ou bien on doit encore une fois arroser les terres elles-mêmes avec du purin, en ayant soin de ne pas toucher les feuilles qui en périraient immédiatement. Le meilleur moyen de s'y prendre consiste à verser, la première fois, le purin entre les lignes, et de pratiquer, pour la seconde fois, des trous au pied des plantes, qu'on remplit avec du purin; après quoi on bine le tabac pour la dernière fois. Le purin lui-même peut être renforcé dans son action en y dissolvant des cendres et du sel de cuisine; toutefois, il faut garder une certaine mesure, afin que les racines n'en souffrent point.

Le plâtrage des champs de *trèfle rouge* est connu. Toutefois, on peut ajouter à son efficacité quand verses reprises, dans le double but de dissoudre les substances qu'on y a répandues et de les faire infiltrer dans les couches les plus profondes du sol. Les pluies d'hiver et l'eau qui provient de la fonte des neiges se chargent de cette dernière besogne. obtenu des champs de trèfle du plus bel aspect, principalement sur les terres qui renfermaient peu de calcaire.

La *luzerne* contient de la potasse, de la chaux, des quantités notables d'acide phosphorique et de magnésie, ainsi que de l'acide sulfurique et du sel.

Ce qui prouve que la luzerne a besoin d'une grande quantité de chaux, c'est l'excellent effet qu'on obtient quand on plâtre les luzernières, ainsi que la végétation luxuriante de ces dernières dans les terrains riches en calcaire.

Pour établir une luzernière avec sécurité, il faut commencer par apporter d'avance les matières précitées, pour peu que l'on conserve des doutes sur leur présence dans le sol en assez grande quantité.

C'est chose connue que la luzerne ne doit pas revenir de sitôt sur un champ qui vient d'en porter. C'est surtout le cas pour les sols forts et glaiseux ; des terrains plus légers et mêlés de chaux s'y prêteraient mieux. Quand on se voit forcé de cultiver la luzerne à courts intervalles, il est convenable de répandre avant l'hiver, sur un champ labouré profondément et en billons, les principales substances que nous venons d'indiquer (particulièrement du gypse et des cendres), de l'arroser de purin, à dion mélange au gypse encore d'autres substances, telles que des cendres et du sel marin. En faisant usage de cendres de savonneries au lieu en place de gypse, à cause de l'acide phosphorique qu'elles contiennent, et M. De Babo a récemment

La luzerne qu'on y sème donne, de cette manière de très-abondantes récoltes, mais sa durée est moindre que dans les sols frais. Sur un champ ainsi préparé et mesurant un-demi morgen (18 ares), M. De Babo a obtenu, en une année au delà de 5,500 kil. de foin.

En terminant, nous devons appeler principalement l'attention sur ce fait, que toute addition de substances minérales est vaine quand l'état général de fertilité d'un champ ne répond point aux besoins généraux des plantes. C'est par ce motif que tant d'engrais minéraux, exclusivement appliqués, se montrent fréquemment si inefficaces. Aussi est-ce à tort que le cultivateur les rejetterait en méconnaissant la véritable et unique cause du peu d'effet que produit le plâtre, dans les sols maigres, ce qui ne prouve rien contre l'avantage de cette pratique dans des terres convenables.

D'ailleurs, cette question est susceptible de prendre beaucoup plus de développement; M. De Babo a fait à cet égard un grand nombre d'expériences, que nous venons d'exposer ici, sous forme d'indications, et nous serions heureux de voir que ce que nous en avons dit provoquât des recherches ultérieures, qui, essayées sans esprit de prévention, rassemblées plus tard, et comparées avec les règles de la science, permettraient de ramener le tout dans un système bien ordonné, qui pourrait servir de base à toutes les opérations agricoles de ce genre.

RÉCOLTES.		PRODUIT TOTAL par morgen (36 ares) en substances sèches.	ÉLÉMENTS.		
			Azotés.	Non-azotés.	Cendres.
		kilogr.	kilogr.	kilogr.	kilogr.
Froment, etc.	Grains	471,5	113,8	344,0	13,0
Épeautre	Paille	1003,5	25,0	916,9	62,0
Seigle	Grains	445,0	70,9	366,4	8,9
	Paille	835,5	16,5	787,2	31,9
Orge	Grains	737,5	113,5	594,1	30,6
	Paille	1534,0	29,3	1415,0	90,3
Avoine	Grains	560.0	87,4	450,0	21,2
	Paille	779,5	19,6	721,0	39,4
Maïs	Grains	1177.0	158,9	976,2	13,4
	Paille	2075,0	non-azo-tés.	1989,0	91,5
Sarrasin	Grains	594,0	39,0	345,0	10,0
	Paille	049.5	?	?	19,5
Lentilles	Grains	412,8	120.0	282,0	10,0
	Paille	1297 ?	?	?	50,5
Pois	Grains	441,0	39,0	238,5	9,5
	Paille	934,5	185,0	746,0	64,0
Fèves des champs	Grains	634,5	177,5	446,0	26,0
	Paille	750 ?	?	?	30,5
Vesces	Grains	459,0	?	?	11,0
	Paille	1080.0	?	?	55,0

ÉLÉMENTS CONSTITUTIFS DE LA CENDRE.										
Potasse.	Soude.	Chaux.	Magnésie.	Alumine.	Oxyde de fer.	Acide phosphorique.	Acide sulfurique.	Acide silicique.	Chlorure de potassium.	Chlorure de sodium.
kilogr.	kilogr.	kilogr.	kilogr.	kilogr.	kilogr.	kilogr.	kilogr.	kilogr.	kilogr	kilog.
5,10	1,60	0,50	1,50	—	0,05	6,55	0,25	0,05	0	0
8,50	—	4,15	—	—	—	0,70	0,10	46,25	2,05	0
2,65	0,60	0,55	0,95	0,05	0,15	4,25	0,05	1,55	—	
5,45	—	2,85	0,75	—	0,40	1,15	0,25	20,50	0,05	0,05
4,75	1,50	1,10	2,45	—	0,50	10,90	0,55	8,80	—	1.10
20,00	1,75	7,55	3,20	—	5,80	2,90	2,55	41,80	—	8,45
2,95	—	0,55	1,85	—	0,25	3,60	0,20	11,45	0.10	—
4,80	5,25	2,95	1,80	—	0,55	0,75	0,90	21,40	—	0,95
5,80	—	0,15	2,25	—	—	6,70	—	0,10		—
8,80	24,05	7.70	6,05		0,70	15,50	0,60	24,65	—	5,60
0,85	2,00	0,65	1,00	—	0,10	5.00	0,20	0 05	—	—
2,00	—	4,90	7,85	0.15	0,25	1,75	1.20	0 80	—	0 95
5,95	0,95	0.60	0,20	—	0.20	5,60	—	0,10	—	0,70
5,55	—	26.15	1,50	—	0,40	6,15	0,45	8,85	—	1,75
5,45	0,65	0,50	0,80	—	0,05	5,00	0,40	0,45	—	0,15
7,95	4,65	25,50	5,00		0,50	5,20	4,45	6,75	0,5	4,00
8,70	2,65	1,50	2,00		0,10	9,85	0,25	0,25	0,25	0,50
4,65	4,00	11,05	2.10		0,60	5,65	0,60	5,40	—	0,10
5,60	1,55	0 50	0,90	—	0,05	4,15	0,40	0 20	—	0,20
19,95		21,05	3,45	0,05	0,05	2,95	1,25	4,70	—	1,40

RÉCOLTES.		PRODUIT TOTAL par morgen (56 ares) en substances sèches.	ÉLÉMENTS.		
			Azotés.	Non-azotés.	Cendres.
		kilogr.	kilogr.	kilogr.	kilogr.
Navets.	Racines. . . ·.	2012,0	220,0	16 6,0	96,0
	Feuilles	215,0	?	174,0	41,0
Navets de jachère . .	Racines.	830,5	84,5	6 1,5	54,5
	Feuilles	107,5	?	97,5	10,0
Pommes de terre . .	Tubercules.	2245,0	188,0	1982,0	75,0
	Fanes.	226,0	52,0	97,0	40,0
Colza	Graines.	705 ?	?	?	29,00
	Paille.	1573 ?	?	?	81,00
Chanvre.	Plante entière. . .	1862	?	?	92,50
Lin	Plante entière . . .	1545	?	?	77,00
Tabac.	Plante entière . . .	500	?	?	106,50
Houblon.	Plante entière.	1250 ?	?	?	112,50
Trèfle rouge	Foin	1248	160,0	992,0	96,00
Luzerne.	Foin (1)	2500	—	—	—
Esparcettes	Sainfoin	1500 ?	?	?	90,00
Prairies.	Foin . . ·	765,6?	72,0	639,0	52,50

(1) Non encore analysée, mais dont la composition doit se rapprocher beaucoup de

ÉLÉMENTS CONSTITUTIFS DE LA CENDRE.										
Potasse.	Soude.	Chaux.	Magnésie.	Alumine.	Oxyde de fer.	Acide phosphorique.	Acide sulfurique.	Acide silicique.	Chlorure de potassium.	Chlorure de sodium.
kilogr.	kilogr.	kilogr.	kilogr.	logr.	kilogr.	kilogr.	kilogr.	kilogr.	kilogr.	kilog.
48,00	0,80	8,50	5,50	—	2,90	7,20	1,90	9,60	—	10,30
19,50	6,90	6,10	2,10	—	0,50	1,50	2,50	1,10	—	4,60
22,50	1,10	7,40	2,85	—	0,80	4,10	7,40	4,85	—	3,15
3,70	0,25	5,20	0,90	—	—	0,15	0,50	0,75	—	0,40
40,55	traces.	1,50	4,65	—	5,75	9,75	6,15	4,85	—	4,85
23,60		0,80	2,45	—	2,00	5,20	5,25	2,10	—	1,70
6,20	1,60	4,20	3,45	—	0,80	12 05	0,20	0,40	—	—
18,45	5,55	16,90	2,50	—	1,85	7,90	15,75	1,60	—	15,05
7,40	0,90	57,20	7,45	—	—	4,50	1,45	9,25	—	4,50
9,30	4,20	9,50	5,40	—	—	6,75	4,90	51,70	4,90	—
25,75	0,45	37,70	12,05	—	0,40	5,50	4,20	12,05	—	0,40
50,60	—	19,45	6,50	—	6,20	14,80	6,60	26,50	1,95	—
50,40	0,55	31,45	8,05	—	0,25	8,50	2,65	6,70	—	6,90
—	—	—	—	—	—	—	—	—	—	—
6,00	18,00	27,90	7,65	—	1,95	23,45	1,40	0,95	—	1,85
12,55	0,55	10,20	4,05	—	0,45	5.00	1,50	18,00	—	2,40

celle du tréfle rouge.

L'OUVRAGE.

TABLE DES MATIÈRES.

PREMIÈRE PARTIE.

CHAPITRE PREMIER.

NUTRITION DES VÉGÉTAUX.

DEUXIÈME PARTIE.

—

CHAPITRE PREMIER.

APPLICATION DES PRINCIPES DE LA NUTRITION AUX ASSOLEMENTS.

CHAPITRE II.

RÈGLES QUI DOIVENT DIRIGER LE CULTIVATEUR DANS LE CHOIX DES SUCCESSIONS DES PLANTES.

FIN DE LA TABLE DES MATIÈRES.